玩转科普基地（云南省）

Discovering the Popular Science Base (Yunnan Province)

云南省科学技术厅　编

云南科技出版社
·昆　明·

图书在版编目（CIP）数据

玩转科普基地：云南省 / 云南省科学技术厅编. --昆明：云南科技出版社，2023.6（2023.12重印）
ISBN 978-7-5587-5012-0

Ⅰ.①玩… Ⅱ.①云… Ⅲ.①科学普及－普及教育－概况－云南 Ⅳ.①G322.774

中国国家版本馆CIP数据核字(2023)第107765号

玩转科普基地（云南省）
WANZHUAN KEPU JIDI （YUNNAN SHENG）
云南省科学技术厅　编

出 版 人：温　翔
责任编辑：赵伟力
整体设计：长策文化
责任校对：秦永红
责任印制：蒋丽芬

书　　号：	ISBN 978-7-5587-5012-0
印　　刷：	昆明高湖印务有限公司
开　　本：	787mm×1092mm　1/16
印　　张：	17.5
字　　数：	355千字
版　　次：	2023年6月第1版
印　　次：	2023年12月第2次印刷
定　　价：	98.00元

出版发行：云南科技出版社
地　　址：昆明市环城西路609号
电　　话：0871-64134521

版权所有　侵权必究

编委会

策划

罗成惠　张　明　武　卫

主编

曹　琛　王　莹　任惠云

副主编

屈雨婷　杨　帆　马莹华　沈　聪　秦　玫　李晓青　白　莉
李晓宇　李维薇　杨春燕　张明静　马光逵　谭　喆　瞿小银

撰稿

曹丽芳　张　楠　何书堂　蒋林宏　王素娟　孙　羽　孔春芹
贺白枚　邓代华　申　岑　朱　俊　张世涛　周扬杰　陈　宇
王天志　华　蓉　熊永生　李建英　张　良　尹晓蕾　马　莉
段德李　仇绍康　周　静　李成刚　陈虹光　许青青　王正美
杨汉媛　陶文勇　张晓睿　黄娅莉　冯　石　翟国燕　周　瑛
杨百洋　杨鹏飞　任原廷　李若游　周永刚　马尧超　宋应康
夏黎黎　张玲娜　刘　成　赵俊松　曾国芳　周　琴　田志愿
刘芝龙　余丽芳　黄　倩　和　楠　杨婷婷　石双铭　曾晓波
崔祥花　桂艳娥　曹　霞　樊永生　胡　磊　李本森　何　亮
唐丽娟　杨　娜　张　鑫　王宇珍　侯丽艳　寸文生　唐国梅
邬继梅　赵盛琴　黄　伟　黄云达　杨　红　朱迎霞　胡　琴
曹菲菲　姜桂花　郑智敏　王郁青　王琳琳　胡　琳　赵文丽
田　洁　吕冬梅　屠懿漩　曹艳萍　王　皓

特别鸣谢

云南省博物馆	未来也来·石林石得利地质博物馆
云南铁路博物馆	曲靖市青少年校外科技活动中心
中国科学院昆明动物研究所昆明动物博物馆	玉溪市防震减灾科普馆
中科院昆明植物所昆明植物园	澄江化石地自然博物馆
中国野生菌博物馆	红河州博物馆
云南省中医药民族医药博物馆	弥勒太平湖森林小镇
昆明理工大学地学博物馆	石屏县青少年校外活动中心
云南师范大学西南联大数学文化馆	禄丰世界恐龙谷旅游区
云南警官学院无人驾驶航空器展览馆	大理海洋世界
云南警官学院禁毒防艾科普基地	大理洱海科普教育中心
云南丹彤集团文化旅游有限公司	大理州鹤庆县青少年校外活动中心
云南利鲁环境建设有限公司	保山市博物馆
云南天外天饮水资源科普馆	普洱市淞茂中医馆
云南野生动物园	澜沧县科技馆
昆明医学院第二附属医院	临沧市临翔区青少年学生校外活动中心
昆明欧普康视眼健康科普基地	临沧市科学技术馆
昆明金殿名胜区	临沧市城市规划馆
昆明少年儿童图书馆	砚山县环境监测站
昆明动物园	西双版纳野象谷景区
昆明石龙坝发电厂	西双版纳望天树风景区
昆明少科科技有限公司	白马雪山国家级自然保护区
云南省第三人民医院	德宏州气象局
石林风景名胜区	腾冲市气象局

前 言

科普基地是面向社会公众普及科学技术知识、倡导科学方法、传播科学思想、弘扬科学精神的重要载体，是向公众提供科普产品与服务的组织与机构，是开展社会性、群众性、经常性科普活动的有效平台。科普基地结合自身资源优势，通过开展形式多样、贴近生活的群众性科普活动，向公众展示多个领域的科学知识，为公众接受科普教育、提高科学素养提供更多的机会。

1997 年至今，云南省人民政府认定了 198 家省级科普基地。这些科普基地覆盖云南省 16 个州市，因资源丰富，它们在普及科学知识、倡导科学方法、传播科学思想、弘扬科学精神、提高公民科学素养中发挥了重要作用。

本书由云南省科学技术厅策划、组织，遴选了部分优秀省级科普基地参与编写，旨在让公众了解科普基地的特色与亮点，走进科普基地，参与形式多样的科普活动，在轻松快乐的氛围中学习前沿科学知识。让孩子们在玩乐中学习，在探索中成长；让科普基地走进学校、走进社区、走进企业，进行面对面、点对点的科普宣传。本书的撰稿人员均是来自科普基地的一线科普人员，在此深表感谢！

本书以图文并茂的形式向公众宣传科普基地的各种服务信息，

包括基地介绍、设备设施、特色活动、开放时间、优惠政策、交通路线等实用信息；还结合基地所在地的地理位置、地域风情，合理规划线路，优化基地资源，让读者一书在手，即可打破固有思维，在玩转科普基地的同时，开启一次穿越时空、洞悉天地之理的快乐科普之旅。

在昆明欧普康视眼健康科普基地，你可以走进奇妙的眼睛，从了解自己的眼睛开始（因为了解了才会更加爱护），之后通过它穿越时空抵达铁路博物馆，沿着铁路交通大动脉开阔眼界，再到昆明动物博物馆去捋一捋从远古时代直至今日的生命演化进程，还可以通过动物们栩栩如生的标本去观察、认识它们。

在昆明动物园，你可以了解亚洲象为什么爱洗泥浴、斑马身上亮眼的斑纹是起什么作用的、为什么有的动物已被列入濒危等级……在昆明植物园，你会看到很多新奇的植物。植物会捕猎吗？叶子上为什么会长刺？植物的毒素是为了防御吗？这些小问号都可以通过参加科普基地知识讲解和保护教育活动进行深入探索，进而完成探寻生命密码之旅。

在昆明的北边，北教场路散发着科技、创新与活力。在这条路上，云南警官学院无人驾驶航空器科普基地带你看懂无人驾驶航空器——"上帝"之眼，了解具备"鹰的眼睛、豹的速度、熊的力量、狼的耳朵"的各类无人系统，了解机械制造、飞控导航、机器视觉、模式识别和人工智能等前沿的多个学科的发展成就。云南禁毒基地则展示云南省多年来禁毒工作的成效，警示和教育人们珍爱生命、拒绝毒品。

在昆明的南边，你可以到云南省博物馆，通过文物"见"证历史，从探索生命的起源开始，沿着地质变迁的痕迹，再去澄江自然博物馆寻找化石遗迹，感受5.4亿年前的寒武纪生命大爆发。

在昆明的东边，你可以感受国内最大、最完整、最精美的古代铜铸建筑——太和宫铜殿的独特魅力，饱览国际杰出茶花园，欣赏园林植物园内众多的古树名木，再去和野生动物园的鸵鸟打个照面，听一听高黎贡白眉长臂猿的"歌"声。

石林，早在旧石器时代就已经有人类生产和生活，如今又成为集科普、文化和游览于一体的好去处。在石林风景区，你可以一睹天下第一喀斯特奇观的风采，也可以透过20亿年前的古蓝藻化石探索生命起源的奥秘，还可以去圭山森林公园徜徉于森林与云海之间，在历史遗存中追溯彝族撒尼人的文脉传承。科普教育基地和人文荟萃的民族文化在此融会贯通，打造了一条"地质演化"的科普文旅线路。

在昆明的西边，你可以在恐龙谷梦回侏罗纪时代的云南，感受沧海桑田的变化，再去看看中国第一个水电站这样的人间奇迹，探一探世界级的规模巨大的恐龙墓地到底隐藏着怎样的秘密。6.5亿年的"活化石"水母哪里有？曾和恐龙生活在同一时代的鲟鱼活化石哪里有？对了，多山多水的云南还有一座"蓝色"研学的新高地——大理海洋世界。接下来，大保高铁会载上你，到保山市博物馆领略保山的自然和人文之美。

而多样的红河风情里有南湖上过桥米线的传说；陈列在红河州博物馆的腊玛古猿上颌骨化石会告诉你，人类的直系祖先不仅在这里，还把泥巴玩到了极致；而在弥勒太平湖森林小镇花海间漫步，一不小心去到"墨西哥"，顺便给龙舌兰打个卡。

对于满世界寻找极致之旅的你，还有哪里会比穿越东方亚马孙、探秘望天树更神奇而美妙呢？对"象"往的生活如此憧憬的你，何不亲自到野象谷来？那些骑着大象去上学的传言便会不攻自破，真"象"大白了。

当然，你也可以通读本书，跳出学科的边界，敢于用化学解读历史，把美术融入科学，用生物研究数学，用语文探索地理，真正做到知行合一。

你想要玩转云南吗？读万卷书，更要行万里路，玩转科普基地就可以让你更深入地了解云南。来吧！昆明鱼、云南虫在等你！生物多样、万物共生的云南在盼你！充满科技创新活力和发展动力的云南在唤你！

目录

CONTENTS

博古知今
——云南省博物馆科普基地
001

玩物"上"智
——未来也来·石林石得利地质博物馆
020

民族医药之瑰宝
——云南省中医药民族医药博物馆
036

车站上的博物馆，博物馆中的车站
——云南铁路博物馆
008

闹市中的一隅绿洲
——昆明少年儿童图书馆
026

大华山下的秘密
——天外天科普基地
042

我们如何接近科学
——澄江化石地自然博物馆
014

微缩"动物世界"
——中国科学院昆明动物研究所昆明动物博物馆
030

象牙塔内隐藏的秘密基地
——昆明理工大学地学博物馆
048

弘扬传统文化，传承工匠精神（教你玩转鲁班锁）
——西南联大数学文化馆
054

探秘神奇的菌物世界
——中国野生菌博物馆科普基地
058

地震科普，安全有我伴你行
——玉溪市防震减灾科普馆
064

风情红河之旅的起始站
——红河州博物馆
068

探索保山的自然和人文之美
——保山市博物馆
074

打造蓝色研学新高地
——大理海洋世界
078

边陲宝地之明珠
——澜沧县科技馆
084

一个神奇、好玩、有趣的科学乐园
——临沧市科技馆
090

自然资源科普宣传，我们在行动
——临沧市城市规划馆
094

大自然的恩赐
——云南石林世界地质公园科普基地
098

玩转昆明植物园
102

走进昆明动物园，探索自然的灵动与美好
108

看见云南，看见自然，走近我们的朋友
——云南野生动物园
114

奇妙科普研学之旅
——昆明金殿名胜区
119

走进凤龙湾，聆听历史车轮的回响
——凤龙湾童话镇人文自然教育科普基地
124

不负好时光，来百草园呼吸自由空气
——云南利鲁环境建设有限公司百草园科普基地
130

东方侏罗纪　世界恐龙谷
——世界恐龙谷旅游区
136

在石漠上造就"水木清华"
——弥勒太平湖森林小镇人文自然科普基地
142

文山不仅有坝美，还有"环境保护科普小站"
——文山州生态环境局砚山分局生态环境监测站
148

野象谷，终于真"象"大白了
——西双版纳野象谷景区
152

穿越东方亚马孙，探秘望天树
——西双版纳望天树科普基地
158

走进"雪山精灵"的世界
——云南滇金丝猴科普基地
164

看懂无人驾驶航空器——"上帝"之眼
——云南警官学院无人驾驶航空器科普基地
170

面向世界的"禁毒之窗"
——云南警官学院禁毒防艾科普基地
174

走进奇妙的眼睛
——昆明欧普康视眼健康科普基地
178

让预防先于治疗，让科学走进大众
——云南省健康教育科普基地
182

走进中国水电"鼻祖"石龙坝
——昆明石龙坝发电厂科普基地
186

让青少年爱上创新发明
——云南省轻发明科普基地
192

曲靖市青少年校外科技活动中心
196

为孩子的科技梦插上翅膀

——石屏县青少年校外活动中心

202

玩转大理洱海科普教育中心

206

让科普之花在"银都水乡"绽放

——大理白族自治州鹤庆县青少年校外活动中心

212

探究气象奥秘，解锁气象万千

——德宏州气象局科普基地

216

腾冲气象科普基地

220

玩转科普基地，圆梦蒲公英

——临沧市临翔区青少年学生校外活动中心

224

探索人体的奥秘

——老年病科普基地

226

蒙以养正，让孩子在祖国医学的浸润中健康成长

——云南省中医药文化科普基地

230

后记

236

附件：盖章打卡、门票及兑换券

237

博古知今
——云南省博物馆科普基地

  在美丽的滇池之滨，一座源自云南传统方形建筑名居"一颗印"和有着云南石林风化后特征的深铜色建筑——云南省博物馆——巍峨地矗立在蓝天白云下。这里是云南的历史、文化、艺术的聚集之地，也是来滇游客的必经之地，更是青少年学生的"第二课堂"。

  云南省博物馆成立于1951年，是云南省最大的综合性博物馆，以保护、传承优秀历史文化为己任，集文物征集、收藏、研究、展示、教育、服务于一身，是云南省最大的文物收藏单位.同时也是云南省可移动文物最多、最具实力的研究机构和文物鉴定机构，占地面积约10万平方米，建筑面积6万平方米，展厅面积达1.65万平方米，是首批国家一级博物馆。

博物馆目前拥有文物230118件（套），其中一级文物509件（套）、二级文物1396件（套）、三级文物12420件（套）。馆内收藏了青铜器、古钱币、陶瓷器、古书画、碑帖、邮票及各类工艺品。六大基本陈列《远古云南——史前时期的云南》《文明之光——青铜时代的云南》《南中称雄——东汉至魏晋时期的云南》《妙香佛国——唐宋时期的云南》《开疆戍边——元明清时期的云南》《百年风云——近现代时期的云南》讲述了云南从远古时期到和平解放的悠久历史，同时也集中展现了云南丰富的历史文化、多彩的民族资源，满足科普教育、爱国主义教育、社会主义教育、文化素质教育等基地建设要求。

在这里，从探索生命的起源开始，让我们沿着地质变迁的痕迹，一步步地重回史前。作为植物登陆的重要证据最早出现于4.1亿年前泥盆纪早期的文山坡松冲植物群和早泥盆纪晚期的曲靖徐家冲植物群，尤其曲靖胜峰工蕨是迄今为止所发现的世界上最古老的带根植物，而优美始叶蕨是最早的带叶植物。

这里还陈列有1941年由我国古生物学家杨钟健先生自主发掘、研究、装架的"中国第一龙"许氏禄丰龙。它有小巧的头和很长的脖子，前腿长度只有后腿的三分之一。根据足印化石推测，禄丰龙可以在短距离内用四只脚行走或奔跑，所以也被称为"半二足行走"动物。沙盘、化石、模型、场景再现、高新电子设备等国际前沿技术的运用，可以让人们从多角度了解生物发展史、人类发展史。

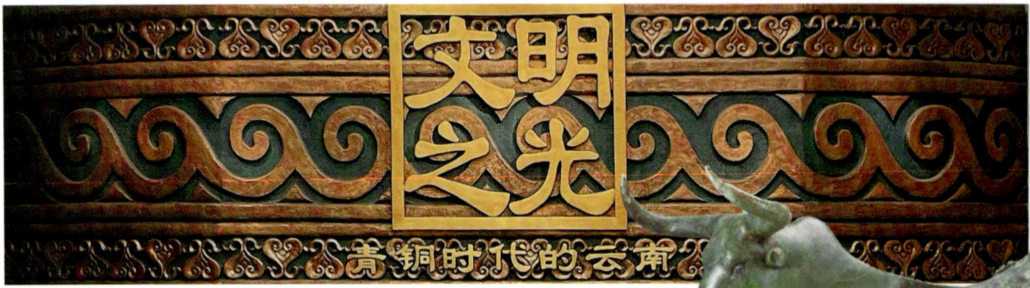

文明之光
青铜时代的云南

　　馆内"青铜时代的云南"的展品，满足了青铜爱好者和研究滇国历史的人们的需求。展厅内精美的青铜器成为《史记》《汉书》中对云南战国、西汉时期重要的文字记载的依据。这里汇聚了云南青铜文化中最具代表性的器物，青铜器上描绘的祭祀、狩猎、战争、生活等场面，全方位、多角度地向世人呈现了云南青铜文化的真实面貌。最具代表性的牛虎铜案，是考古学家于1972年在云南江川李家山24号墓发掘出土的，采用了分体范铸工艺。通过巧妙的设计与高超的制造工艺，牛虎铜案将古滇国工匠的艺术审美与案桌的实用价值完美地体现出来。大牛的头、身躯和尾部的虎是一次性铸成的，而小牛是之后铸成的。大牛给人重心前移、摇摇欲坠的感觉，但在其尾部身躯后仰的老虎，使案呈倒三角的形状，将案身重新平衡。滇王之印的出土，印证了司马迁《史记·西南夷列传》中滇国历史的真实性，揭开了古滇国神秘的面纱。云南独有的青铜贮贝器，以及在古滇国作为装饰品或奢侈品被古滇国人当作"皮带扣"的扣饰……一件件精美的青铜器向人们诉说着远在2000多年前灿烂的古滇青铜文化，给予了现在的我们丰富的物质和精神财富。

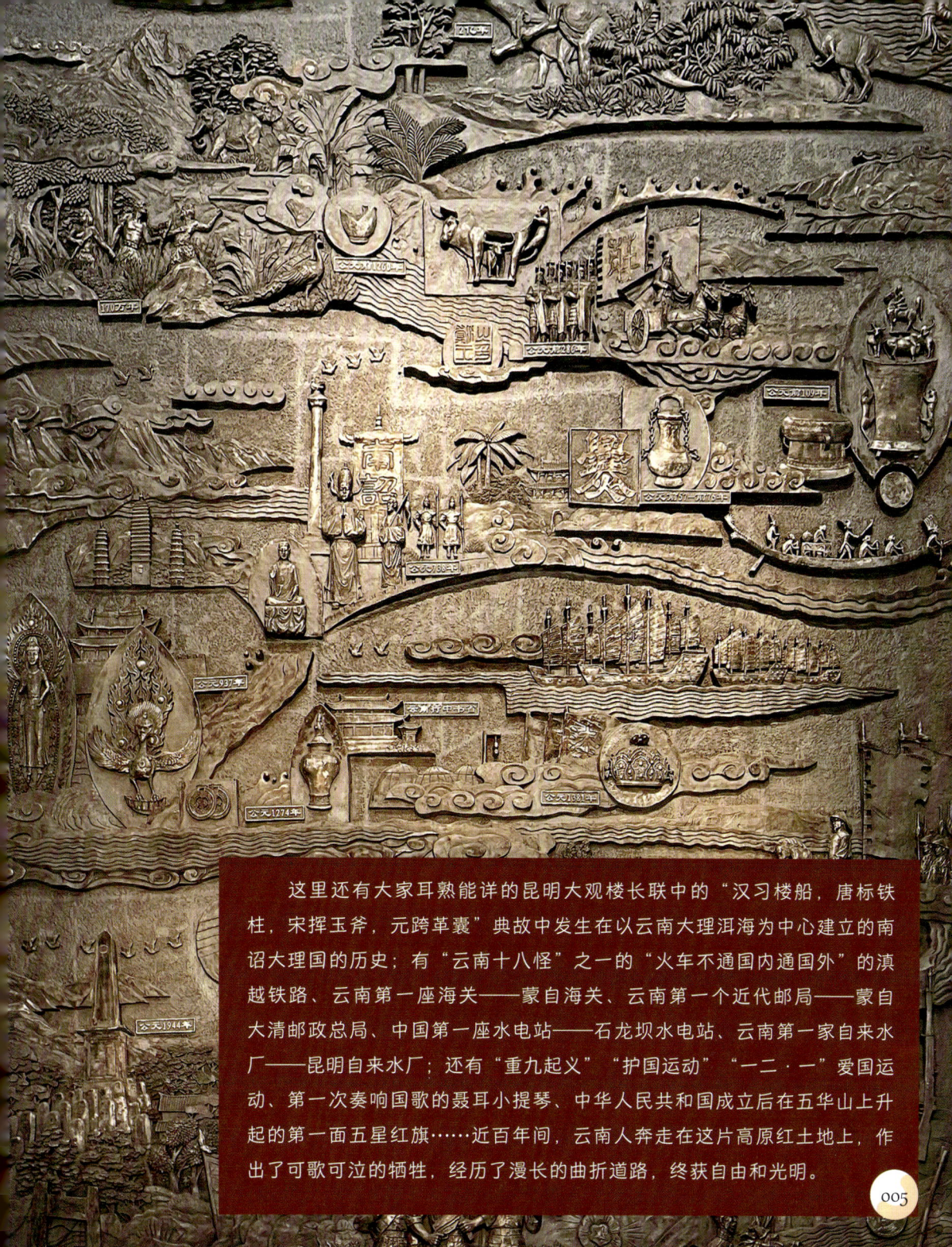

这里还有大家耳熟能详的昆明大观楼长联中的"汉习楼船，唐标铁柱，宋挥玉斧，元跨革囊"典故中发生在以云南大理洱海为中心建立的南诏大理国的历史；有"云南十八怪"之一的"火车不通国内通国外"的滇越铁路、云南第一座海关——蒙自海关、云南第一个近代邮局——蒙自大清邮政总局、中国第一座水电站——石龙坝水电站、云南第一家自来水厂——昆明自来水厂；还有"重九起义""护国运动""一二·一"爱国运动、第一次奏响国歌的聂耳小提琴、中华人民共和国成立后在五华山上升起的第一面五星红旗……近百年间，云南人奔走在这片高原红土地上，作出了可歌可泣的牺牲，经历了漫长的曲折道路，终获自由和光明。

005

　　除了精彩的展览，每天10:00 —14:00博物馆提供免费定时讲解服务、预约专职讲解服务，志愿者、讲解员将为你带来一场优质、专业的讲解；周末，孩子们可以参与"科普小课堂"活动、"美育教室"儿童活动，了解文物背后的故事；"云博书屋"提供1万余册云南历史人文类书籍；云博朱苦拉咖啡厅的特色饮品是百年古树咖啡，这里还可提供简餐、甜点等；茶文化创意空间是展示云南茶文化的重要窗口，可提供新中式茶饮、普洱茶品茗、茶具茶器选购等服务。云博文创以馆藏文物的元素为灵感，进行了大量文创产品的设计及开发，目前在售文创单品已达1500余种。你也可以参与文创体验活动，在观展之余，能够亲手制作一件精美的文创产品，实现"把博物馆带回家"这一理念。

博物馆是一座城市的缩影，这里记载着人类的文明，是精神文明、物质文明传承的载体。博物馆也是一个包容的场所，是历史的保存者和记录者，也是保护和传承人类文明的重要殿堂。我们也会积极发挥科普基地作用，将更多的科普展览、爱国主义展、科普课堂等形式多样的公益活动，以"流动博物馆"的形式继续走进乡村小学、特殊群体、社区广场等，实现文化共享，使广大人民群众热爱本土文化，增强民族自信。

温馨提示

- **基地名称：** 云南省博物馆科普基地
- **特色亮点：** 云南省最大的综合性博物馆
- **位置导航：** 官渡区广福路 6393 号云南省博物馆
- **交通路线：**

【公交】官渡区政府站：169 路、252 路、A12 路。官渡古镇（广福路）站：31 路、165 路、174 路、185 路、186 路、232 路、253 路、255 路、908 路、A12 路、C142 路、C143 路、C85 路、K15 路

【地铁】星耀路站：地铁 1 号线，出站后步行至子君村（彩云北路）站搭乘 Z84 路公交车，在广福路口（古渡口路）站下车

【驾车】广福路与云秀路交叉路口，可从东门（广福路）、南门（季宏路）进入
交通路线会随时间发生变化，出行前请查询最新信息

- **参观贴士：**

个人预约：关注云南省博物馆微信公众号，回复"预约"了解
团队预约：团队预约电话 / 服务咨询电话：0871-67286223
预约时间：每周二至周日，每天 9:00—16:30（周一闭馆，法定节假日除外）
开放时间：全年免费对外开放；周二至周日 9:00 开始入场，16:30 停止入馆，16:45 开始清场，17:00 正式闭馆；周一全天闭馆（节假日具体开放时间在微信公众号及官方网站进行公告）

车站上的博物馆，博物馆中的车站
——云南铁路博物馆

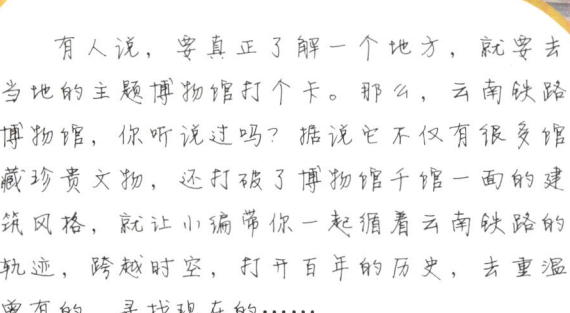

有人说，要真正了解一个地方，就要去当地的主题博物馆打个卡。那么，云南铁路博物馆，你听说过吗？据说它不仅有很多馆藏珍贵文物，还打破了博物馆千馆一面的建筑风格。就让小编带你一起循着云南铁路的轨迹，跨越时空，打开百年的历史，去重温曾有的，寻找现在的……

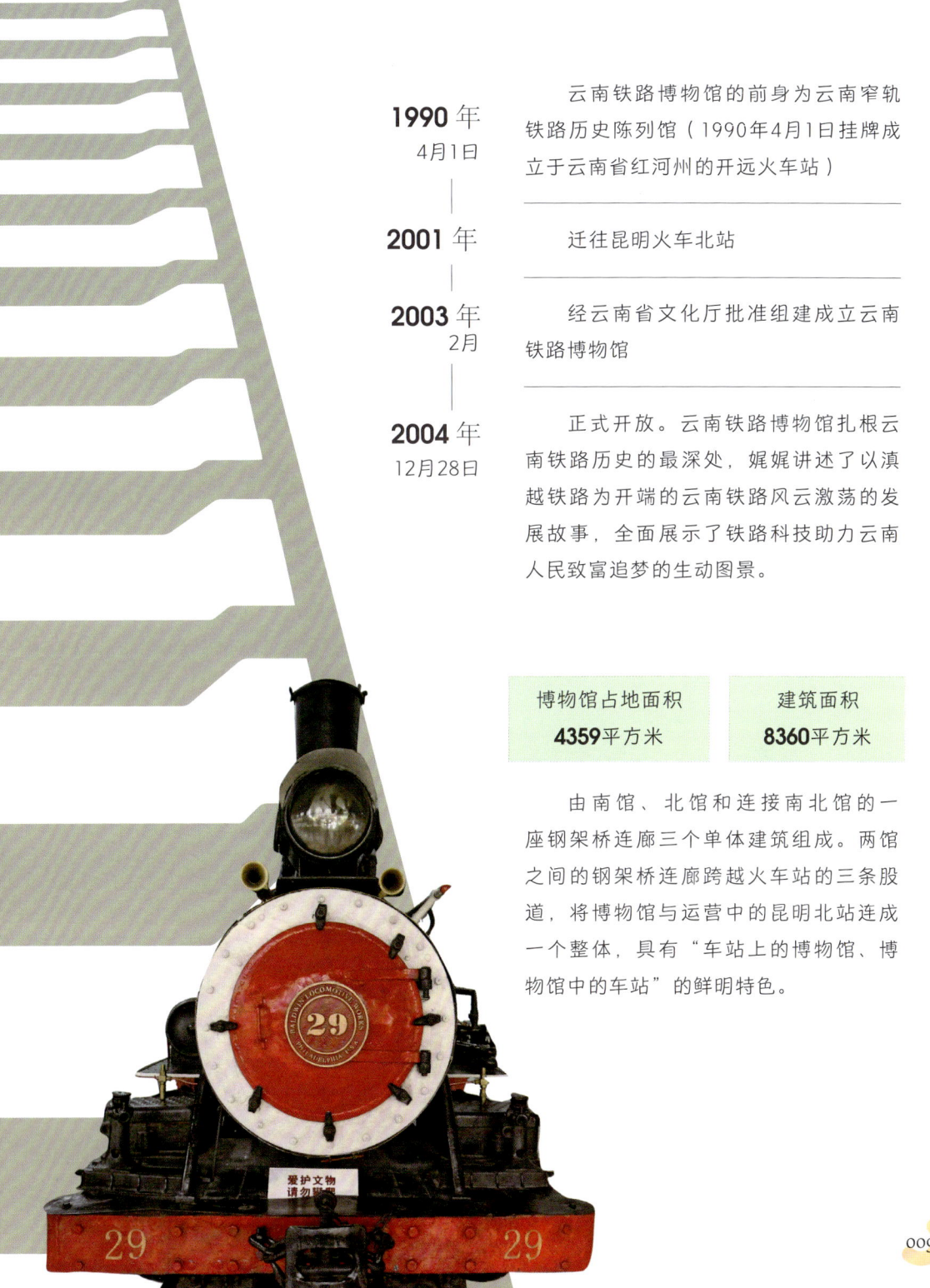

1990 年 4月1日	云南铁路博物馆的前身为云南窄轨铁路历史陈列馆（1990年4月1日挂牌成立于云南省红河州的开远火车站）
2001 年	迁往昆明火车北站
2003 年 2月	经云南省文化厅批准组建成立云南铁路博物馆
2004 年 12月28日	正式开放。云南铁路博物馆扎根云南铁路历史的最深处，娓娓讲述了以滇越铁路为开端的云南铁路风云激荡的发展故事，全面展示了铁路科技助力云南人民致富追梦的生动图景。

博物馆占地面积	建筑面积
4359平方米	**8360**平方米

由南馆、北馆和连接南北馆的一座钢架桥连廊三个单体建筑组成。两馆之间的钢架桥连廊跨越火车站的三条股道，将博物馆与运营中的昆明北站连成一个整体，具有"车站上的博物馆、博物馆中的车站"的鲜明特色。

在这里，有镌刻着汉字的法国钢轨，以及来自英国、德国、加拿大等国家的古老钢轨；有造型别致的"三面钟"；有美国、日本等国生产的蒸汽机车；有缅甸铁路赠给中国铁路的机车车辆礼品；有中华人民共和国自主设计生产的第一代东风型内燃机车，以及在"'99世博会"时投入使用的中国第一列上线运营的电力动车组——春城号；有水鹤、臂板信号机、人力齿轮传动轨道车等诸多铁路"宝贝"；当然，还有镇馆之宝——轨道上运行的汽车——法国产米其林胶轮内燃动车组（动车长16米，宽2.6米，高2.9米，车内设软席座位19个、硬座24个，还设有洗脸间、卫生间、厨餐间，装饰豪华，犹如一个功能齐全的流动宾馆）。

在这里，人们走的每一步，都在翻阅一段段历史篇章：从窄轨到准轨，从蒸汽到电力，从普铁到高铁，从"铁路不通国内通国外"到"八出省、五出境"云南铁路网，从为抗战而生的滇缅铁路、叙昆铁路到中华人民共和国的铁路"史诗"——成昆铁路，从打进来的滇越铁路到走出去的中老昆（明）万（象）铁路，从"火车没有汽车快"的个碧石铁路到时速超过300千米的沪昆高铁、设计时速350千米的渝昆高铁……

在这里，每一个橱窗里的物件，都在诉说着有名的（詹天佑、萨福均等铁路工程师）和无名的铁路先驱的动人事迹；每一座车站，都铭记着变化与沧桑（成昆铁路大湾子车站铭牌）；每一处红色印记，都从硝烟弥漫中走来，充满着革命斗争的希望（中国共产党云南省第一次代表大会在滇越铁路芷村站旁的查尼皮村召开）；每一座桥梁都在让历史闪闪发光（人字桥下无数中国劳工的英魂）；每一个在铁路上工作过的人都有着许多脍炙人口的故事要讲……

若你心中有关于云南铁路和中国铁路的很多疑问:

为什么"云南十八怪"里会有"火车没有汽车快"?
没有方向盘的火车是怎么转弯的?
云南多地的公斤制是怎么来的?
阿迷州指的是现在的哪里?
窄轨有多窄?
哪些名人和滇越铁路有过故事?

那么,只要你走进博物馆,这些问题就会迎刃而解。

参观结束,还可以将云南铁路博物馆带回家——精美的文创产品、与云南铁路有过不解之缘的大锡制品,包括摆件、钥匙扣、机车模型,以及云南铁路主题书籍、明信片、冰箱贴……

温馨提示

- **基地名称:** 云南铁路博物馆
- **特色亮点:** 云南省以铁路为主题的科普基地
- **位置导航:** 昆明北站
- **交通路线:** 乘地铁2号线、4号线、5号线到火车北站,2路、9路、23路、71路、236路等公交线路到火车北站、环城北路站

交通路线会随时间发生变化,出行前请查询最新信息

- **参观贴士:** 免费开放;通过"云南铁路博物馆"支付宝小程序预约参观;周一、周二闭馆,周三至周日开馆,参观时间为9:00—17:00,16:00停止入馆

我们如何接近科学
——澄江化石地自然博物馆

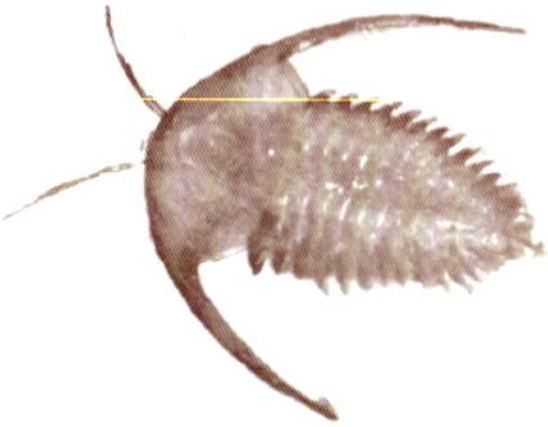

斯蒂芬·杰·古尔德，世界著名的进化论者、古生物学家。

他说："如果将生命进化的历史比作一卷录像带，那么回到最原初的时刻按下'重放'的按钮，人类是否还会出现？"他给出的答案是：未必会出现人类，甚至未必会发展出所谓的智能；如果生命的历史发展不是基于某种设计，人类的出现只不过是巨大的历史偶然性。

古尔德提出的假说是支持达尔文的观点的，若就此说自然选择机制否定了进化的积累性和规律性，则为时尚早。所以新达尔文主义的另一代表人约翰·贝蒂指出古尔德的言论代表了一种历史主义的偶然。人类的出现依赖于哺乳纲的出现，依赖于脊索动物门的祖先在寒武纪存活下来。

1984年7月1日，在云南澄江，侯先光教授的一锤子，不但敲出了一串生命密码，也敲开了一扇寒武纪之窗。

这一锤敲出的是长尾纳罗虫（Naraoia）。这种生物体长不过6厘米，却有着非常先进的身体结构。它的身体中央有黑色的形似梯子的条纹，从"梯子"向身体的两侧生出许多的脚来。像今天海洋中的虾和螃蟹一样，它的整个身体被几丁质外骨骼包裹着。在此之前，生物的种类很少，也没有长脚、带壳的生物，可进入寒武纪之后，各种进化的生物种类突然登场了。

在帽天山，人们还找到了寒武纪以前（科学家称为"前寒武"）和寒武纪这两个相邻时代地层的明确界线。从这个界线往上，即寒武纪的地层中，发现了长尾纳罗虫、三叶虫等多种多样的化石，它们都是突然出现的，是寒武纪大爆发的证据；可是在界线以下，即前寒武的地层中，却没有找到任何具有复杂身体结构的化石。在前寒武时代，大多数生物的身体都是扁平的，没有眼睛，没有附肢，也没有外壳。德国有位著名的古生物学家，名叫阿道夫·赛拉赫（Adolf Seilacher），他在20世纪80年代就发现前寒武时期的各种生物化石有一些共同特点：身体扁平，由许多个房室相连而成，整个身体就像一张气垫；没有摄食器官、消化器官和循环器官，通过表皮扩散来吸收营养、排出废物。它们与寒武纪时代出现的那些新型生物有着天壤之别。

其实说到这里，古尔德也没说错。他手里也有锤子，但怎么也不会想到一派田园风光的云南澄江市，有着20世纪的惊天科学大发现。

015

　　为什么进入寒武纪之后，生物发生了跨越式进化呢？原来，海洋中的肉食动物出现了，就是在这样血淋淋的生存博弈中，肉食动物不断强劲着它们的牙齿，把猎物坚硬的外壳咬得粉碎。在澄江无脊椎动物的粪化石里，人们又发现了密密麻麻的高肌虫（*Kunmingella*，一种体长只有5毫米左右的海洋动物）壳体，从而进一步证实了当时生物之间是相互"吃"的关系。这还不够，研究人员对产自澄江生物群的朵氏小昆明虫、陈氏昆阳虫和印第安虫进行了扫描和三维形态重构，结果显示，不同高肌虫之间，附肢模式的差异远远超出高肌虫作为目一级的分类单元所能囊括的范畴，而已经达到亚门级别的差异。这些发现足以证明寒武纪是各种生物爆发般出现的时代，也是生物间弱肉强食的关系形成的时代。

有人说澄江是幸运的，5亿多年前，它还是一片浅海，却因为缤纷的生命被发现而横空出世，享誉全球。世界自然保护联盟高度评价澄江动物群化石，认为澄江化石地保存了具有独特重要意义的化石遗迹，展示了杰出的、保存非凡的记录。

有人说生在云南是幸运的,来自远古的召唤,5亿年的等待,让我们今天可以走进澄江化石地自然博物馆,来面对一面用古生物化石镶嵌的墙。

在这些大小不一的石头上,有节肢动物的祖先抚仙湖虫,成虫最长约11厘米,腿肢多达35~45对;有身体最前端有一对分节的、具刺状构造的大抓肢的奇虾;有最古老、最原始的脊椎动物云南虫、华夏鱼、昆明鱼,将脊椎动物早期历史往前推进了约5000万年。对此,美国《纽约时报》这样评论:如果云南虫夭折,动物神经系统将永远不会发展,地球永远像遥远的月球一样寂寞冷清。

这面墙的出现当然和三个重要的人物有着密切的关系。他们是侯先光、陈致远、舒德干。在数十年里,这些科学家带领着研究团队,孜孜以求地工作,才让一扇探索5.3亿年前地球生命大爆发的科学大门在澄江帽天山轰然洞开。

而占地约13万平方米的澄江化石地自然博物馆的建成开放,所承载的是一座历史的丰碑。它记录了古生物遥远的光阴,也记录了科学工作者朴实无华的探索历程。

澄江化石地自然博物馆经过6年的精心雕琢,用来自世界各地的6万余件古生物化石标本和现生生物标本来告诉你,科研的真正价值不仅仅是求证,还引发人们以不同方式思考这个世界,开启不同时间、不同空间、不同生命之间的对话。

收藏、展示、科研、教育,澄江化石地自然博物馆不只是在4.2万平方米的展示区域内带你去看一条叫作昆明的鱼,它的使命是最大限度地激活世界遗产的生命力,成为一个人们了解澄江化石地,了解生命诞生及演化,了解澄江的窗口。

这就是一个博物馆的真正价值所在了。

温馨提示

- **基地名称**:澄江化石地自然博物馆(云南省自然博物馆)
- **特色亮点**:基地依托世界自然遗产——澄江化石地遗址,通过生命大爆发、生命大演化、生物多样性三个常设展区,系统呈现地球生命演化的开端、过程和结果,讲述宏大的地球生命演化故事
- **位置导航**:云南省玉溪市澄江市右所镇环湖北路寒武纪大道14号
- **交通路线**:乘坐新村专线,从澄江市区经环湖路到寒武纪大道
- **参观贴士**:每周二至周日开馆(周一闭馆,节假日正常开放,以公告为准),开放时间:9:00—17:00(9:00开始入馆,16:00停止入馆,17:00正式闭馆)
- 联系电话:0877-8894888

玩物"上"智
——未来也来·石林石得利地质博物馆

大家好！我叫龙娃，是未来也来·石林石得利地质博物馆里出生的变色龙宝贝，我最喜欢玩，为此没少挨批评，甚至有人说我"玩物丧志"。

说实在的，龙娃我是真觉得很委屈。玩是所有人的天性和权利，不仅不丧志，反而能增长智慧，让人"上"智。不信的话，我给你们举几个例子。

李四光小时候与小伙伴玩捉迷藏，对藏身的大石头从哪里来产生了疑问，这成为他走上地质学家之路的起点。

所以，与其把玩视为学习路上的绊脚石，不如自问一句："你会玩吗？"

怎样才算会玩，并没有标准答案，但龙娃我觉得吧，能玩转科普基地的一定是会玩的。今天就跟我玩转科普基地，走进未来也来·石林石得利地质博物馆吧。

未来也来·石林石得利地质博物馆位于被誉为"世界地质公园"的云南省昆明市石林风景名胜区。先自夸一下，这里可是拥有"全国科普教育基地""全国中小学生研学实践教育基地""国家生态环境科普基地""云南省科学普及教育基地""云南省环境教育基地""云南省社会科学普及示范基地""云南省中小学生研学实践教育基地""昆明市科普精品基地""昆明市科协科普教育基地""昆明市环境教育基地""昆明市青少年科普教育基地""石林县研学旅行教育基地""石林县爱国主义教育基地"等众多头衔哦！

来到这里玩什么？

这里是一座藏品丰富、规模庞大的综合性地学博物馆，收藏地质标本万余件，涵盖地学各个领域。钟乳石、化石、矿物、宝石、奇石、名木……大量集科学价值与观赏价值于一身的珍贵藏品，汇集为一个地质宝藏的殿堂，描绘出宏伟的地球史绘卷。

既然是博物馆，来到这里首先就是看。俗话说"外行看热闹，内行看门道"，用眼看和用心看，收获绝对不一样。

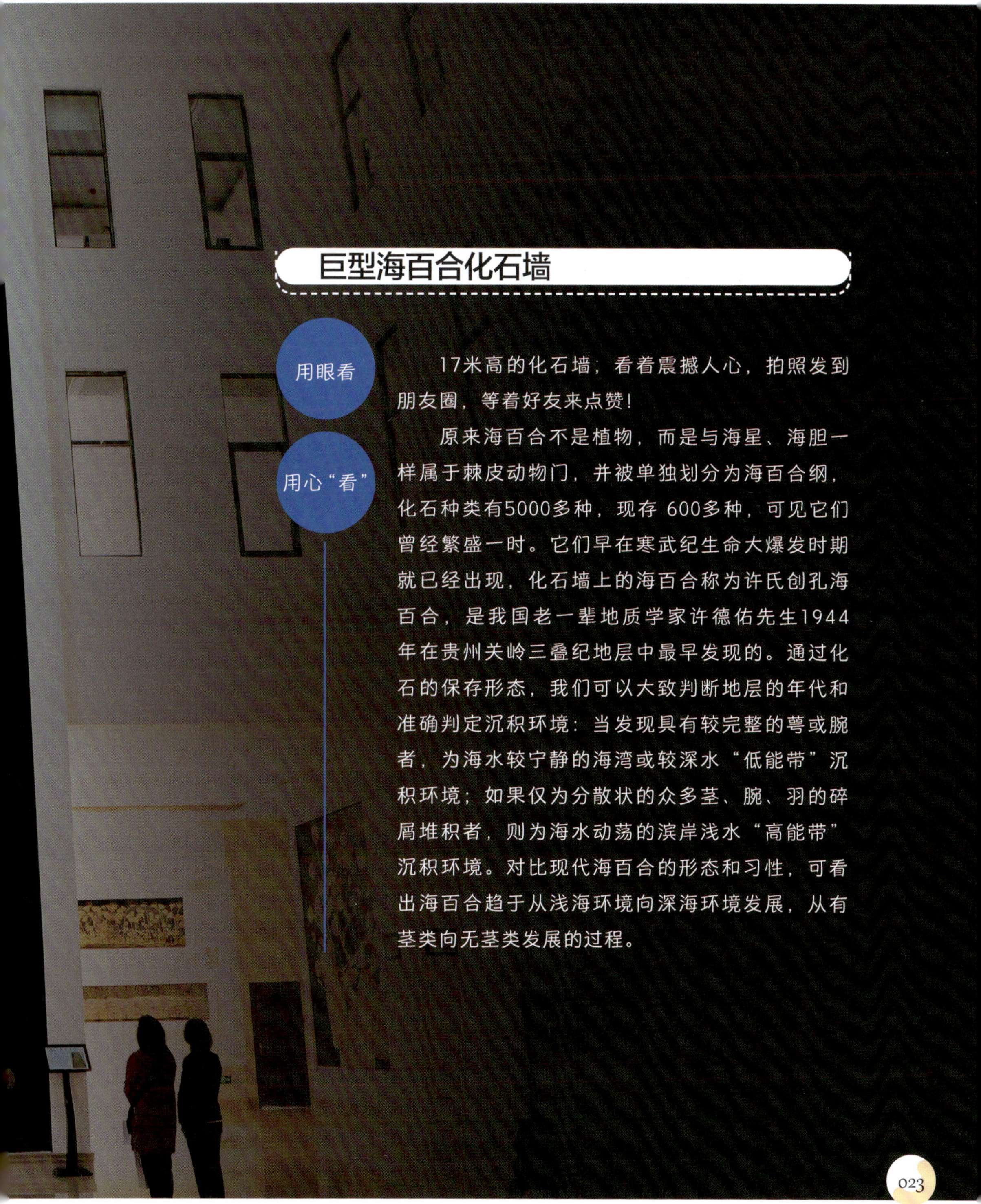

巨型海百合化石墙

用眼看

17米高的化石墙，看着震撼人心，拍照发到朋友圈，等着好友来点赞！

用心"看"

原来海百合不是植物，而是与海星、海胆一样属于棘皮动物门，并被单独划分为海百合纲，化石种类有5000多种，现存600多种，可见它们曾经繁盛一时。它们早在寒武纪生命大爆发时期就已经出现，化石墙上的海百合称为许氏创孔海百合，是我国老一辈地质学家许德佑先生1944年在贵州关岭三叠纪地层中最早发现的。通过化石的保存形态，我们可以大致判断地层的年代和准确判定沉积环境：当发现具有较完整的萼或腕者，为海水较宁静的海湾或较深水"低能带"沉积环境；如果仅为分散状的众多茎、腕、羽的碎屑堆积者，则为海水动荡的滨岸浅水"高能带"沉积环境。对比现代海百合的形态和习性，可看出海百合趋于从浅海环境向深海环境发展，从有茎类向无茎类发展的过程。

来到这里怎么玩？

看到上面那些知识，或许你会产生"你说的这些我根本没接触过，哪能看出什么门道"的疑惑。但龙娃我会告诉你"无所谓，我会出手"，科学普及就是要用浅显的、通俗易懂的方式，让你接受科学知识、掌握科学方法、感受科学精神。

所以，虽然看很重要，但这里除了看展品，还有动手动脑的科学工作室、科普阅览室、实践体验区，让你全身心地沉浸其中。

在这里，你可以把科学探究变成一场科幻大冒险，跟随时空导航员穿越回恐龙时代，度过一个惊心动魄的"恐龙复活夜"。

在这里，你可以把地球约46亿年的历史浓缩在舞台上，与三叶虫、恐龙一起见证生命的演化历程。

在这里，你可以徜徉国色天香的祖母绿宝石宫殿，亲手将美玉雕琢成器。

在这里，你可以潜入满天繁星般的发光地下神殿，揭开夜明珠的神秘面纱。

在这里，你可以把枯燥难懂的科学实验，玩成酷炫动感的魔术表演。

在这里，你可以亲手抱起呆萌怪异的蜥蜴，感受生物多样性的奇趣。

玩转科普基地，就是要打破固有思维，让学习与玩耍之间、学科与学科之间没有边界感。

你可以用化学解读历史：林则徐虎门销烟为什么要用生石灰？以坚硬的汉白玉为主要石材，倾注了劳动人民血汗修建的"万园之园"圆明园，如何在野蛮的英法联军大火下"粉身碎骨"。

你可以把美术融入科学：恢宏大气的敦煌莫高窟壁画、色彩缤纷的唐三彩陶器、山青水绿的《千里江山图》究竟使用了哪些矿物作为颜料？

你可以用生物研究数学：被誉为"活化石"的鹦鹉螺，那优美的外壳曲线与黄金分割比例有多么吻合。

你可以用语文探索地理：从地质现象中学成语，"沧海桑田"的变化在岩石中能否找到？"水滴石穿"形成的是什么地貌？"信口雌黄"为什么会从矿物引申到胡说八道？

在玩中能得到什么？

内涵丰富的展品、妙趣横生的科普活动、跨越学科的美味科普大拼盘，带给你闪光的创意和无穷的乐趣，玩转科普基地就是这么简单。玩转科普基地，你将获得出众的观察思考力、逻辑推理力和动手实践能力，让思维与行动真正"知行合一"。说不定未来的博物学家、科学家、发明家就是你！快来吧，我在这里等你，你还等什么呢？

温馨提示

◎ **基地名称：** 未来也来·石林石得利地质博物馆

◎ **位置导航：** 云南省昆明市石林县绿芳路2号

◎ **特色亮点：** 10件大世界吉尼斯之最展品、20亿年前的古蓝藻化石、巨型海百合化石墙、中华碧玺宫、中华发光石宫、中华祖母绿宫

✚ **交通路线：** ①乘坐公交车到石林风景区游客中心，再乘景区观光车到博物馆；②导航搜索"未来也来公园"
交通路线会随时间发生变化，出行前请查询最新信息

❗ **参观贴士：**
门票价格：持石林风景区门票参观
开放时间：08:00—18:00

闹市中的一隅绿洲
——昆明少年儿童图书馆

图书馆是最具"偶然发现"特质的地方,我们永远无法预测哪些东西能吸引孩子的好奇心。这里是昆明少年儿童图书馆,在这里,你能陪孩子发现更多可能……

以图书为媒介,以阅读为纽带,每个年龄段的孩子都可以在这里找到想要的书,孩子与家长在这里共同分享多种形式的阅读。5000平方米,32万余册(件)馆藏文献,有绘本、连环画、文学、国学、自然科学……你想要的课外读物这里都有,学习氛围拉满!当然,这里不仅可以看书,还有许许多多的活动可以参与——手工、手办、绘画、电影……找一个周末和孩子一起来昆明少年儿童图书馆,感受这里独特的书香味吧!

昆明少年儿童图书馆位于"春城"昆明的母亲河——盘龙江之滨,始建于2008年,为云南省第一家独立建制的少年儿童图书馆。图书馆设有借阅大厅、电子技术、教育培训及会展四大服务区域,服务窗口6个,少儿数字影厅(多功能厅)2个,被评为"国家一级图书馆""全国未成年人思想道德建设先进单位""云南省科普基地""昆明地区青少年科技创新实验室""昆明市亲子阅读体验基地"等。

围绕"小桔灯"文化品牌建设，昆明少年儿童图书馆推出了"小桔灯"少儿系列服务活动（科普系列）——"科普时光机""明通小学青年教师志愿者服务活动""新书好书推荐"等较有影响力的读者活动，并已形成规模化运作和可持续发展的态势，受到众多家长及小读者的欢迎和追捧。

"科普时光机"——古籍装订：运用多媒体为参与者讲解古籍的基本概念、破损原因、破损类型、修复过程、修复原则等基本古籍知识；向参与者展示和讲解古籍装订、修补等古籍修复环节；带领参与者亲手参与古籍装订、书页修补等环节。明清木刻雕版印刷则是运用多媒体为参与者讲解明清古建筑群木雕及石雕，了解中国传统雕刻知识，了解中国木版雕刻印刷的历史沿革和价值及分类，学习木刻雕版的制作等。孩子们将获得机会上手尝试使用云南本土的明清木刻雕版，如甲马等，印刷属于自己的雕版印刷品。还有古代花草纸、中国传统服饰与植物等，孩子们通过简单的小魔术，了解植物纤维，学习用古法制作花草纸（原材料为植物纤维和漂亮的花卉标本），学会区分非环保用纸与环保用纸；了解传统植物染色文化和材料、技艺，尝试用两种以上的染色剂在棉麻布上染、绘传统植物图案。这些活动不仅让孩子们穿越时空，见证古人的智慧，还可以锻炼他们的科学思维。

在这里，基地构建起结构合理、特色鲜明的科普体系，其中纸质特色资源以少儿读物为重点，同时兼顾成年人读物及地方文献。图书馆为便于读者高效获取所需资源，专门设立科普图书环保专栏、地方文献专栏、新书专栏、非物质文化遗产专栏、盲文图书专栏等；为打造符合少儿阅读需求的科普基地，专门设立了连环画展阅区域；为覆盖全年龄阶段科普工作，针对不同年龄阶段划分了综合借阅部和少儿借阅部供大众按需选择。电子阅览室（其中特别设立了未成年人绿色上网专区）、多功能影厅的设立，为青少年打开了另一扇学习之窗。科普园地——"科普小森林"，以自然科学为科普主题，以屏风展架、墙纸贴画为科普载体，以森林草地为活动场所，打造出集科普展示和科普活动于一体的科普场所。

在这里，"小桔灯"少儿系列服务活动（科普系列）——青年教师志愿者服务活动已经持续多年，每周六14:00—16:00，图书馆特别邀请来自昆明市盘龙区明通小学的多位优秀教师围绕优秀的传统文化和自然环境，为广大少年儿童开展丰富多彩、寓教于乐的主题活动。活动内容涵盖亲子阅读、好书分享、手工绘画、英语阅读、艺术欣赏、绘本故事……

在活动现场，小朋友们一会儿被老师精心准备的有趣的海洋动物视频吸引，一会儿老师挑选的许多色彩艳丽的海洋动物绘本又让他们大饱眼福！如果有疑问，老师还会现场解答哦！

"小桔灯"品牌活动之一的新书好书推荐是由昆明少年儿童图书馆、昆明新知集团有限公司合作推出的，在昆明新知集团有限公司所属购书中心、昆明东城店的少儿读物区显著位置开辟"小桔灯"新书推荐专柜及阅览专区，联合推荐新书好书，打造引领全市少年儿童阅读的风向标；在微信平台每月一次向读者推荐新书好书10种。

"小桔灯"少儿系列服务活动将优质阅读资源送到少年儿童身边，这些特色活动影响广泛，受到众多读者热捧，已逐渐成为引领昆明地区少年儿童及其他群众阅读的"灯塔"。未来，全体馆员将以"读者至上、服务第一"为科普服务宗旨，本着"爱心、责任、奉献"的服务精神，将昆明少年儿童图书馆打造为更加专业、更加全面的科普基地。

温馨提示

基地名称： 昆明少年儿童图书馆

特色亮点： "小桔灯"少儿系列服务活动

位置导航： 昆明市北京路616号（交三桥海关旁）

交通路线： 市内公交可乘 K9 路、54 路、69 路、74 路、77 路、108 路、237 路、K5 路、3 路、23 路、50 路、61 路、71 路、236 路到"交三桥"或"凤凰村"站；地铁可乘 1 号线、2 号线到"交三桥"站

交通路线会随时间发生变化，出行前请查询最新信息

参观贴士： 免费为广大读者提供读者证办理、书刊外借及内阅服务、报纸内阅服务、参考咨询服务、上网服务

开馆时间：

1. 少儿借阅大厅、综合借阅大厅

周一至周四：9:00—18:30

周五：9:00—14:00

双休日及节假日：12:00—18:30

2. 电子阅览室

周一至周四：12:00—18:30

周五：9:00—12:00

3. 自带书阅览区

周一至周日：9:00—18:30

微缩"动物世界"
——中国科学院昆明动物研究所昆明动物博物馆

在一座城市中，博物馆一定是最不能错过的地方。云南是全球生物多样性资源的热点地区，享有"动物王国"的美誉，如果你想了解更多的动物科学知识和云南丰富的生物多样性资源，那昆明动物博物馆绝对是你的不二选择。花上一天的时间，走进昆明动物博物馆，足不出户就能领略到地球5.1亿平方千米的土地上无数生物演绎的波澜壮阔史诗，来一场长知识之旅吧！

昆明动物博物馆是一座馆藏极其丰富，面向国内外公开开放，以科研带动科普、以科普反映科研，是云南乃至西南地区最具规模和特色的动物专题博物馆。博物馆属中国科学院和云南省人民政府合作共建项目，筹建于2000年，并于2006年11月正式对公众开放，是"全国科普教育基地""云南省科普基地""云南省生态文明教育基地""昆明市科普精品基地""国家科研科普基地""国家生态环境科普基地"。

展示馆展出和公共服务面积约6000平方米。目前展示馆展出各类动物标本2万余号，按照动物的进化、栖息和分布规律，集中反映这些动物的形态、性格、特点、生活、环境、分布等状态，体现物种和生态的多样性、动物与环境的统一以及人与自然的和谐。

在这里，首先进入视野的是墙面上一张动物进化的大图，以一条时间进化轴，清晰明了地讲述了从地球的起源到现代人类的出现，仿佛一场时空的对话，又仿佛听到了远古的呼唤……

大象是庞大的陆地动物，而恐龙是远古时代的霸主，你能想象当大象站在恐龙旁边，会有怎样的身高差吗？在一楼展厅，你只需看一眼就能亲自破解这个谜题。

亚洲象群体生活的标本展示场面十分温馨，4头姿态迥异的大象站在那里，是象群活动时的一个缩影。身材高大，长着两根象牙的是公象，但它只是保镖却不是象群的首领。亚洲象的前额上长着两大块隆起的肉瘤，其最高点正好位于头的顶部，这两块肉瘤被称为"智慧瘤"。

在这里，有着琳琅满目的各种动物骨骼。骨骼是指人或动物体内或体表坚硬的组织，分内骨骼和外骨骼两种。人和高等动物的骨骼在体内，由许多块骨头组成，叫内骨骼；软体动物体外的硬壳以及某些脊椎动物（如鱼、龟等）体表的鳞、甲等叫外骨骼。我们通常说的骨骼指内骨骼。动物的骨骼起着支撑身体的作用，是运动系统的一部分标本，从骨骼上可以认识不同动物的结构差异。巨型的恐龙骨架高达三层楼，以最自然的状态呈现在观众面前，站在它面前，仿佛能看到一亿六千五百万年前统治地球的霸主出现了……

在这里，你能感受到漫长进化岁月的伟大，走过远古生物的展厅，每一步都是几千年、几万年……

六边形的昆虫展区像极了一个时光隧道，充满未来感，既有五彩缤纷、惹人喜爱的蝴蝶、蜻蜓，也有昆虫中的伪装大师。在这里，你能看到25厘米长的超大竹节虫、体形极致对称的猫头鹰环蝶、"五彩斑斓黑"的墨绿彩丽金龟……看完不禁感叹，昆虫的自然形态之美，超越了所有的人工设计。踩在透明玻璃上，可以去寻找认识的昆虫，找回童年的记忆；也可穿越到几亿年前，追寻着它们的足迹，探索昆虫王国繁盛至今的奥秘，一览云南昆虫大、多、艳、特、新、奇的风采。

"百鸟园"中从最常见的走地鸡,到仙气飘飘的孔雀,都有神态逼真的标本。绚丽多姿的鸟类世界、云南丰富的鸟类资源,在展示着自然之美的同时,下一秒似乎就要展翅高飞……

除四层展厅外,基地坚持以"特色化、品牌化"为目标,做到"深度科普"与"趣味科普"的协同发展,除为青少年打造专属的教育活动区域、配备独立的教育空间和相应的教学设施,还积极探索第二课堂的教学模式,将展示教育研究成果理论与实践相结合,秉承科研带动科普、科普宣传科研的理念,开展了国家级、省级大量形式多样、内容丰富的"进校园""走出去""请进来"科普系列教育活动。通过直播、微课、现场教学培训、动物科学主题讲座、动手做实验、标本走秀、自然趣画、DIY标本、微视频、科学绘画、新闻采访等线上与线下结合的方式,以科学、互动的宣教理念传播科学知识。在讲好云南特色物种故事的同时,让公众享受科研成果科普化带来的成果,切实担负起新时代科普工作的使命,推进全民科学素质的提高。为了让科学知识"活起来",昆明动物博物馆积极策划、创作科普微视频作品,倾力打造优质科普内容和资源的融合传播,并荣获全国优秀作品奖项,扩大了科学传播的覆盖面,凸显了科学传播的重要作用。

在这里,仿佛置身大自然之中,从天空到海洋,从海洋到陆地,再到热带雨林,领略万千物种的魅力,让人不得不感叹大自然的鬼斧神工。为什么有的动物只能在博物馆里看到?动物标本是从哪里来的?科学家为什么要研究动物?人类可以向动物学习哪些本领?动物对医学科学的贡献是什么?你都能在这里找到答案。

昆明动物博物馆延续了动物的生命
每一具动物标本都值得被重视
大自然是人类的朋友，动物是人类的朋友
各归各位，生态平衡，才是生存之道

温馨提示

- **基地名称**：中国科学院昆明动物研究所昆明动物博物馆
- **特色亮点**：西南地区最具规模和特色的动物专题博物馆
- **位置导航**：昆明市五华区教场东路 32 号
- **交通路线**：在市区内乘坐 146 路、92 路、115 路、139 路、9 路、10 路、55 路、59 路、74 路、84 路、96 路、129 路公交车可达
  交通路线会随时间发生变化，出行前请查询最新信息
- **参观贴士**：9:00—17:00（周一闭馆，16:30 停止入场）。门票价格：成人票 40 元 / 人，学生、军官凭证 20 元 / 人

民族医药之瑰宝
——云南省中医药民族医药博物馆

> 云南有25个世居少数民族，民族医药资源丰富，民族医药文化源远流长，博大精深，形成了以傣族、彝族、藏族医药为主，苗族、壮族、白族、纳西族、佤族等民族医药多元一体并存的云南民族医药体系。在昆明呈贡大学城美丽的云南中医药大学校园内，楼宇之间、林木丛中藏着一个巨大的中药材宝库——闪耀着少数民族医药光辉的博物馆。

受云南侨胞美籍华人伍达观先生资助，博物馆于2009年建成，2010年经云南省文物局批准成立，由云南省卫生健康委（原云南省卫生厅）和云南中医药大学共同承建，现为全国科普教育基地、全国中医药文化宣传教育基地、云南省科学教育普及基地、云南省中医药文化宣传教育基地等。

博物馆总建筑面积4651.59平方米，设有校史（2个）、中医药、中医西传、民族医药（4个）、滇南本草、神农本草、传统药材和特色药材等12个专题馆。博物馆以云南地产中药资源和民族医药为特色，馆藏有中药标本2000余份，民族药标本1000余份，腊叶标本1万余份，中医药、民族医药文献古籍60余部、文物实物200多件，藏医曼唐80幅，是全国民族医药文献、文物和民族药标本最丰富的博物馆。

中医药随着汉文化传入云南，与云南本土传统医学融合，形成了地域特色鲜明的"滇南医学"学术流派，为云南各族人民的健康作出了重要的贡献。馆内介绍了中医药及云南中医药的发展历史，中医药的名医和名方，针灸发展历程，以及云南名医、名药、名店等，藏有傅青主、林则徐字画，中医古籍，针灸用具等。

滇人天衍展厅以介绍傣族、彝族、藏族等民族医药为主，突出纳西族、白族、哈尼族等云南特有民族，展示了云南各民族医药的发展历史、理论体系（知识）、贝叶经、纸板经、唐卡、纳西东巴画、树皮衣、制药工具、民族医药书籍等。

师法自然展厅主要展示傣族、彝族、藏族、苗族、瑶族、壮族、纳西族等民族的特色诊疗方法，藏有诊断、治疗实物及制药工具等。

春华秋实厅则重点介绍了云南民族医药在临床、科研、教学和产业发展方面取得的成就，藏有云南省各制药企业生产的民族药品、民族药制剂、书籍、奖状等。

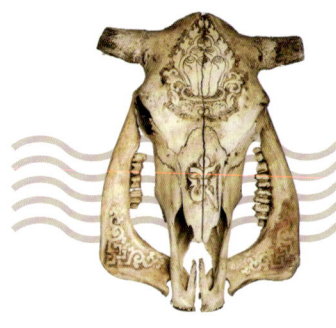

《滇南本草》是云南明代医药学家兰茂先生所撰的医药专著，是中医药与地方民族医药融合的杰作，是我国现存最完整的地方性本草著作，较李时珍的《本草纲目》早140多年。为此，博物馆特为兰茂先生开辟了一个专题文化展厅，展示兰茂先生生平、遗迹和《滇南本草》的文献版本及其所载的386种药材，以彰显其在中医药史上的地位和贡献。

云南特色药标本展厅主要展示最具有云南特色的三七、天麻、石斛，以及遍及云南省的药用真菌和药用花卉。而云南中医药大学校史展厅展示了云南中医药大学的建校历史，以及在教学、科研、临床、对外交流、党团建设等方面取得的成就。

这里不仅有着丰富的史料让参观者了解民族医药经过多年累积所取得的巨大成就，也有着很多意义非凡的特色藏品，包括贝叶经（傣医书籍）、树皮衣等，还有傣医的木质锤筋用具（用于锤筋疗法，主治风湿病、中风后遗症、腰腿痛等）、傣族的雅解包（结合磨药疗法，用于食物中毒、蛇虫咬伤等中毒急救）、彝族用牛角做的角罐（用于拔罐疗法，主治外伤瘀血肿痛、风湿痹证等）、佤族的松木小夹板（用于正骨疗法，主治外伤骨折）、佤族的熏蒸用具（用于熏蒸疗法，主治风湿病、感冒、关节疼痛等）、苗族用动物肋骨做的刮痧用具、骨刮板（用于骨刮疗法，主治痧症、感冒、中暑等）、汉族的五行紫砂陶罐（用于拔罐疗法，主治肩背疼痛、关节疼痛、感冒、腹泻等）、藏族用琥珀做的药碗（功效为解毒、明目、除翳，藏语为"波炼"，为藏药之一）、"古傣秤"（为傣族用于称量傣药的用具，已有100多年的历史）等。

除了精彩的展览，博物馆还组织了很多经典科普活动，包括上山下乡送健康、名医教授边疆行；非物质文化遗产进校园；情系傣医药，欢乐泼水节；守护和平，关爱抗战老兵；国际博物馆日"博物馆力量——传统医药的色与香"科普活动；"民族扎染和养生丸制作"科普活动；以"中医药民族医药进基层"服务于民为主题参加云南省科技活动周；"中医药民族医药"进校园科普活动；"中医药民族医药"进社区科普活动；"兰茂杯"博物馆讲解员大赛；中小学生走进博物馆科普活动，以及识药认药实践课、种植药材劳动实践课；等等。活动精彩纷呈，劳动实践课成效显著。

这里还有精心策划的医学与艺术的完美结合——《四部医典》配图；医学与书法的完美结合——云南省名中医手札展；云南民族医药养生科普展；雨林珍宝——傣族医药科普展等临展也是令人惊叹不已。

总之，这里不同的展厅都立足于中医药文化的多元化与丰富性。传承精华，守正创新！只有在继承中发扬博大精深的传统医药文化，民族医药才有更璀璨的明天。未来需要更多的人一起参与，博物馆期待与同样热爱中医文化的你一起携手共创美好，静待花开！

温馨提示

◉ **基地名称：** 云南省中医药民族医药博物馆

◉ **特色亮点：** 云南省唯一的省级传统医药专业博物馆

◉ **位置导航：** 昆明市呈贡新城雨花路1076号云南中医药大学呈贡校区内，联系电话：0871-65936358

◉ **交通路线：** 乘坐地铁1号线在联大街站D口出，转乘Z54路公交车，终点站下车即到

交通路线会随时间发生变化，出行前请查询最新信息

◉ **参观贴士：**

免费开放时间：周一到周五8:30—16:30（法定节假日除外）

博物馆网址：http://bwg.ynutcm.edu.cn/

微信公众号名称：云南省中医药民族医药博物馆

大华山下的秘密
——天外天科普基地

在中国,名为"大华山"的地方很多,而我们要说的这个大华山却是西南地区一处名不见经传的"小山",它地处昆明呈贡七甸。大华山海拔2523米,不高不低,是长江流域与珠江流域的分水岭。走近大华山,从山的外形看不出任何奇特之处,无非缓坡、松林、灌木、草甸、水坝……殊不知,这两大江流滋润着的大华山下却藏着一个大秘密——水,而且是好水,是玄武岩深层地下水。

　　管子在其《水地篇》中说："水者，地之血气，如筋脉之通流者也。"科学史向我们揭示：在漫长的宇宙发展史中，先有了地球才有了水，而有了水之后地球才有了活力，才出现了绿色和生命，人类文明才能达到辉煌。

　　大华山下的七甸，村子虽小，但远近闻名。闻名的重点是七甸卤腐、老酱、豌豆粉、卷粉等粮食类加工小吃。七甸卤腐、老酱这么好吃，说到底是因为水好。这上好且强盛的"地之血气"，正是大华山下的秘密。

　　揭秘大华山下有好水是近30年来的事，而作为当初"挖井人"的农家子弟王忠、王理圣如今已成长为云南天外天天然饮料有限责任公司的董事长和总经理。

　　话说多年前，王家兄弟发现了大华山下的秘密后，耗巨资把大华山下的水送到省会进行专门的水质检测，检测结果显示：七甸大华山腹地水源不仅各项指标完全合格，而且从多种矿物质含量来看，该水源是方圆千百公里范围内少有的好水。

　　这水究竟有多好？通过全面检测发现，这水中的多种矿物质含量恰到好处。其中含有偏硅酸、钾、钠、钙等多种对人体有益的微量元素，活性高，低钠，低矿化度，水质健康，入口绵滑充盈，甘甜清冽。

043

　　行业内用"三高一低"来总结天外天天然矿泉水的好，即高碱性（pH8.7~9.9）、高偏硅酸（45~55mg/L）、高活性分子团（仅45Hz）、低矿化度（70~200mg/L）。时任中国矿业联合会天然矿泉水专业委员会秘书长曾感慨："在全国4800多处经鉴定的矿泉水源中，天外天这个水真是奇了，可谓多一点不行，少一点不可。是世间少见的好水。"

　　大自然中的水，究竟是碱性水多，还是酸性水多呢？2017年9月至2018年9月，在中国矿业联合会天然矿泉水专业委员会的大力支持下，天外天科普基地发起并承办的"饮水思源 求真之旅"大型活动从云南走向全国。整个活动从准备到完成历时2年，行程超过16万千米，从云南的六大水系、九大高原湖泊延伸向全国的名山大川。

在200余名专家学者、消费者代表、中央、省、市主流新闻媒体及相关职能部门的参与、见证下,"饮水思源 求真之旅"活动组分成多个小组,求真足迹遍及全国22个省、5个自治区、4个直辖市及香港特别行政区,先后对全国具有代表性的207处天然水源进行了严格的取样和现场检测。实测结果显示,在所检测的天然水中,99.52%为碱性水,只有0.48%是酸性水。同时还发现,处于高海拔地区的水源,pH一般都在8.5左右,活性较强;处于低海拔地区的水源,pH一般都在7.5左右,活性较弱;pH呈现出自西向东逐渐降低的走向。所有水样经复旦大学专业机构检测,几乎全部为碱性。

近代生物化学、生理学、量子化学、结构物理学及生物进化等科学领域的理论及其研究成果证明,水中的天然矿物质是人体健康不可缺少的。从生命起源、进化、生存分析,生命起源于含有矿物质、微量元素、呈碱性的天然水。实地检测充分印证了人类进化几百万年来喝的都是碱性水这个不争的事实。

有了"饮水思源 求真之旅"的实践和底气,天外天从2019年开始,加大了科技创新和与科研院所合作的力度,先后与昆明理工大学蔡圣宝教授团队、中国计量大学、南通大学、海军军医大学、上海市浦东新区疾控中心的蒋志韬博士团队、云南中医药大学杨龄教授团队合作,以"纯水和碱性水对维甲酸诱导的大鼠骨质疏松影响的比较研究""碱性矿泉水对动物高尿酸血症的干预研究""碱性水对代谢综合征的动物研究""碱性矿泉水对大鼠代谢综合征及大鼠动脉血管粥样硬化干预的影响研究"为主攻方向,通过动物实验,对碱性水本质做了大量有益于人体健康的专业研究。

天外天科普基地作为云南省、昆明市两级科普教育基地,面积达14万平方米,围绕水知识的各类展品48件(项),科普广播、影视资料时长达10小时,开发创作科普宣传资料18种(套)。2020年以来,基地共参加全国优秀科普作品推荐活动10次,科普知识进机关、企业、学校、社区1229次,受众5.5万余人次。

　　把健康写在脸上，用好水来滋养我们的亲人。为此，我们引进讲师，走街串巷进社区，不厌其烦地向人们宣讲"健康饮水"知识。由于重视科普宣传，每一个天外天人都是"健康饮水"的宣传员。

　　把健康写在脸上，让每一滴甘露给予我们生的能量。水生万物，汩汩流淌。每一天的每一个时刻，我们铭记：水最珍贵！

温馨提示

- **基地名称：** 天外天科普基地
- **特色亮点：** 云南省唯一的水知识科普体验馆
- **位置导航：** 云南天外天天然饮料有限责任公司（呈贡区 324 国道附近）
- **交通路线：**

自驾：按"位置导航"行驶即可到达
公交：在昆明东部客运站乘坐到宜良的客车，到七甸站下车（往回走 300 米）
交通路线会随时间发生变化，出行前请查询最新信息

- **参观贴士：**

预约方式：通过石林天外天官方网站或与公司相关部门直接联系
开放时间：每天 10:00—17:00（16:00 停止入馆），节假日正常开放
活动地点：天外天科普基地（水知识体验馆、生产参观通道、水源保护区）

象牙塔内隐藏的秘密基地
——昆明理工大学地学博物馆

位于昆明市一二一大街文昌路68号的昆明理工大学莲华校区内,深藏着一处秘密基地——昆明理工大学地学博物馆。它自20世纪50年代初以来,一直默默地讲述着46亿年以来地球及在其上繁衍生息的生命的故事。

　　这里展示着来自世界各地五彩缤纷的矿物和岩石，它们是大自然赠予人类的奇妙绝伦的奇珍异宝，它们色彩艳丽、千姿百态、美不胜收。矿物是自然作用中形成的天然固态单质和化合物，不仅是固体地球和地外天体中岩石和矿石的基本组成单位，也是生物体中骨骼的主要成分。岩石是由一种或多种矿物组成的天然固态集合体，是构成地壳和地幔的基本物质。矿物和岩石资源与我们的生活息息相关，其应用领域已延伸至建筑、装饰、化工、冶金、医疗等诸多方面。

　　博物馆中珍藏着一套穿越百年保存至今的"世界岩矿标本"，其渊源可追溯至20世纪初期，由沃德自然科学研究所（Ward's Natural Science Establishment）定制用于高校地质专业的一套教学标本。抗战爆发后，此套标本几经辗转来到昆明，成为当时国立西南联合大学地质教学的重要材料；抗战胜利后，此套标本被赠予云南大学。1954年，昆明工学院（现更名为昆明理工大学）建立时，此套标本随地质专业一起入驻地质陈列室（现今地学博物馆）。此后，一直作为重要教学标本使用至今，时至今日依然保存完整。该系列的标本绝大多数来自世界著名产地或命名地，如来自澳洲的贵蛋白石、挪威的自然银、西西里岛的自然硫、加拿大拉布拉多的拉长石等。100多年来，它见证了我国现代地质教育的兴起，培养了一代代地质专业人才，同时也见证了中华儿女不屈的奋斗精神和民族救亡历史。

此外,被层层岩层封印起来的还有一类特殊的石头,它们保留了史前生命遗留下来的印迹——化石。由于形成化石的条件不同,保存在岩层中的化石也多种多样,有三叶虫、恐龙骨骼、海百合等实体化石,亦有遗迹化石,如恐龙蛋、足迹和粪便化石。

在这里,展示了体长约3米的鱼龙化石。鱼龙是繁盛于三叠纪和侏罗纪时期的一种大型海生爬行动物,最早出现在约2.5亿年前,大约9000万年前灭绝。居维叶曾形象地描述鱼龙拥有"海豚般的吻,鳄鱼般的牙齿,蜥蜴般的头和胸骨,鲸一样的四肢和鱼一样的脊椎"。它们高度特化,流线型身体外形、特化成鳍的四肢和一条强壮的尾鳍都说明它们适应在海洋中快速游动。同时,它们还拥有一双特大的眼睛,三角形的头的前端伸出的长长的吻部布满了锋利的牙齿,说明它们即使在昏暗的深海环境中,依然可以将猎物轻松捕获,可谓是当时名副其实的"海洋霸主"。

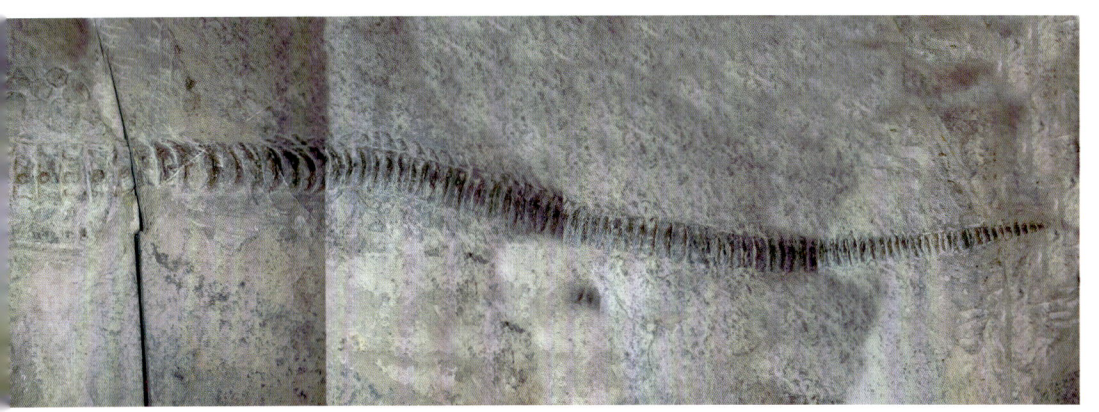

在这里，还展示着恐龙界萌萌的小型恐龙代表——鹦鹉嘴龙。鹦鹉嘴龙因具有一张酷似鹦鹉的嘴而得名，生活在距今约1亿年前的白垩纪早期。成年鹦鹉嘴龙一般体长在1~2米。它喙状嘴的骨质部分可能由角质包覆形成锐利的切割表面，用于切碎植物；牙齿呈三叶状，正是植食性恐龙的"标配"，这些骨骼特征都说明鹦鹉嘴龙属于典型的食草恐龙。

通常来说，史前生命身体中坚硬的部分（如骨骼、牙齿等），因不易腐烂更易被封印在岩层当中；而生物体的软躯体因极易发生腐烂，不利于保存。但在极为特殊的情况下，这些极易腐烂的软躯体会通过特殊的保存方式留存在地层中，向我们展示远古生命的真实形态特征。

琥珀是地史时期松柏科植物产生的液态树脂，经过复杂而漫长的地质作用形成的天然石化有机物，又被称为"树脂化石"或"松脂化石"。当琥珀中包裹着与其生活在同一地史时期的动植物时，它就被赋予了一种新的含义，成为地球生命演化史的"时空胶囊"，为生命的演化保留了极为珍贵的"记忆片段"。虫珀凝固的不仅是一只昆虫，而是与这只昆虫有关的生态系统。其中有机和无机的内含物是地质学家、古气候学家、古生物学家和古生态学家的重要信息来源。因为琥珀形成的特质，它往往能保存古生物的软组织结构、原始死亡状态及生存环境，因而也为科学家们提供了研究远古生命的依据，对生命演化研究具有十分重要的意义。

菊花石因岩石中蕴含的矿物晶体酷似菊花而得名。实际上，组成这些"花瓣"的是天然矿物成分，而非真正的植物花瓣。不同的菊花石品种组成"花瓣"的成分千差万别。如馆藏的白色菊花状"花瓣"由天然天青石和方解石矿物构成，形状逼真，层次丰富。

这里拥有珍稀古生物、珍贵岩石、矿物和独具云南特色的地质标本……这里，时间是以亿年计的。自地球有生命诞生以来，无数生物来了又去，有的了无痕迹，没有什么能鉴证它们曾经的足迹；而有的虽早已绝迹却仍栩栩如生地彰显着它们曾经的繁盛。鱼龙到底是鱼还是龙呢？"如花似画"的海百合是植物还是动物呢？三叶虫的眼睛是什么样子的？为解答这些疑问，除了可以到博物馆来探秘，我们还准备了"探秘禄丰侏罗纪恐龙世界"等精彩的研学课程，以化石为载体，带着那个时代的故事，从远古来到当下，和你一起探索地学的奥秘！

温馨提示

◉ **基地名称**：昆明理工大学地学博物馆

◉ **特色亮点**：馆内珍藏的"世界岩矿标本"等藏品具有极高的科学价值和历史文化价值；展示了国内众多具全球意义和地域特色的化石资源，以及云南的代表性矿床标本展柜等特色展柜

◉ **位置导航**：云南省昆明市一二一大街文昌路68号昆明理工大学（莲华校区）1号楼

◉ **交通路线**：市内可乘坐Z2路、168路、65路、83路、115路、146路、104路、1路、139路、92路公交车在"教场路口（学府路）"站下车，再步行500米左右即可到达

交通路线会随时间发生变化，出行前请查询最新信息

◉ **参观贴士**：每周一至周五 9:30—16:30 预约参观（节假日随学校统一安排）
预约电话：0871-65177163

弘扬传统文化，传承工匠精神（教你玩转鲁班锁）

——西南联大数学文化馆

图1 六根鲁班锁

图2 可以直接取下的木棒

图3 拆开的六根鲁班锁

你玩过积木玩具吗？想必这个答案是肯定的。但是积木玩具的由来你知道吗？今天，我们就走进西南联大数学文化馆，一起来探索我国最早的积木玩具。鲁班，战国时期鲁国人，是我国历史上最伟大的木匠之一，被誉为"中国土木工匠的始祖"。某天，鲁班想测试一下自己的儿子是否聪慧，于是利用6根小木条制作了一个可以进行拆卸也可以进行组装的玩具锁让儿子操作。他的儿子花费了一个晚上的时间才将其拆开，于是"鲁班锁"的名号就由此流传下来了。此外，还存在另外一种传说，有人认为这种锁是由三国时期的诸葛亮发明的。为什么大家会产生这样的想法呢？原因就是诸葛先生太聪明了，大家都觉得只有诸葛先生才能够做出如此高难度的锁，所以这种锁还有另外一个名字——孔明锁。现在，我们既称其为鲁班锁，又称其为孔明锁，还有称别闷棍、六子联方、莫奈何、难人木、烦人锁、七号

图 4　侧边无缺口的木棒

图 5　侧边有小缺口的木棒

锁的。

鲁班锁的种类各式各样，千奇百怪，其中以最常见的六根和九根的鲁班锁最为著名。其中，九根鲁班锁，挑选其中的若干根，可以完成"六合榫""七星结""八达扣""鲁班锁"。六根鲁班锁按照地区、设计理念的不同，在构造上也不同。接下来，我们以六根鲁班锁为例来介绍鲁班锁的玩法。

图1所示为六根鲁班锁组合后的形态，可以看到为两根横向摆放，两根竖向摆放，两根插在中间。

把它拆开，先活动一下每根木棒，我们立马会发现有一根木棒可以直接取下（图2），接下来其他木棒拆开就容易多了

（图3）。

那怎样把拆开的六根鲁班锁进行组合呢？我们先来认识一下这些木棒。首先将拆解时可以直接取下的木棒放在一边，你会发现有一根木棒侧面是没有缺口的（图4），有一根木棒侧边有缺口且缺口最小（图5），剩下三根木棒的缺口大小一致但缺口位置不同（图6）。

第一步，可以根据缺口大小及位置的特点将木棒依次排开并编号（图7）。第二步，把2号木棒的侧边缺口朝外并放入1号木棒的较小凹口内（图8），起到桥梁的作用。第三步，用3号木棒的侧边缺口卡住1号木棒并放置于2号木棒下端（图9）。第四步，用4号木棒的正面凹口卡住3号木棒且侧面缺口与1号木棒缺口构成"口"字形（图10）。第五步，填补空隙，把5号木棒插入2号木棒空隙处且侧边缺口向上（图11）。第六步，插入6号实木板就完成了

图 7　第一步

图 6　侧边缺口不同的木棒

图 8　第二步

图 9　第三步

图 10　第四步

055

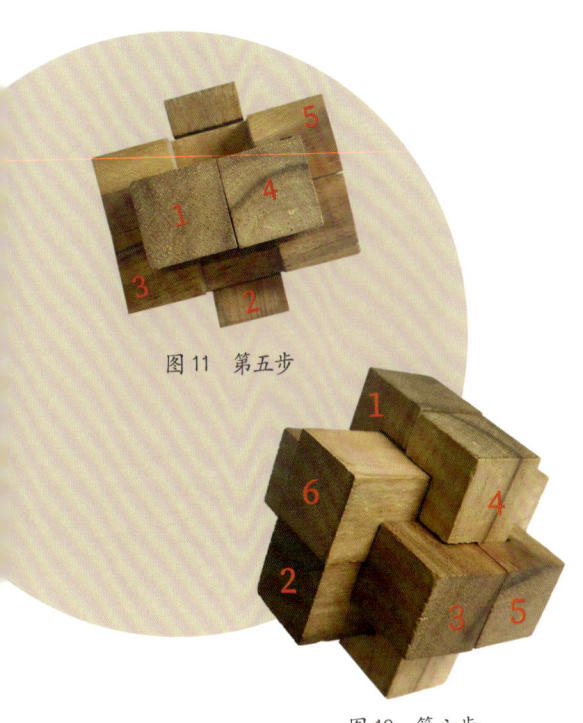

图11 第五步

图12 第六步

（图12）。以上六个步骤就是组合六根鲁班锁的完整过程。

鲁班锁作为我国最早的积木玩具，其所蕴含的价值并非局限于其玩具性。看似很简单的一个结构，实际操作起来却略显复杂，在不使用任何连接物的前提下，将其进行自由拆卸和组装，需要我们具备一定的点、线、面、块的空间想象能力。它的创作灵感源自中国古代建筑中的榫卯结构，将中华文化的智慧与巧妙展现得淋漓尽致。传承传统文化，成就华夏修养。作为中华优秀传统文化中的一分子，小小的鲁班锁，不仅承载着我们先辈的造物智慧，还承载着我们国家的历史文化底蕴。

迄今为止，鲁班锁得到非常广泛的推广，形式趋于多元，解法趋向多样。早在2014年，在中国与德国的友好交流中，时任中国国务院总理的李克强赠给时任德国总理默克尔的国礼就是鲁班锁。从古至今，鲁班锁代表的都是我国人民智慧的结晶，体现着我国人民永无止境的创新能力，反映了我国人民伟大的工匠精神。

2022年，教育部公布了首批"大思政课"实践教学基地，西南联大数学文化馆被教育部和科学技术部联合设立为"科学精神专题实践教学基地"，还入选中国科学技术协会"全国科普教育基地"。我们本着服务教育的宗旨，希望激发受众对数学文化和数学的兴趣，使得观众领悟和掌握一些创新思维方法、科学精神、奋斗精神及数学文化。基地始终面向大中小学生和社区，提供科学

普及服务，普及科学知识，弘扬科学精神，宣传科学思想和方法。

西南联大数学文化馆欢迎你！普及数学文化，提高科学素养，我们在路上！

> **温馨提示**
>
> **基地名称：** 西南联大数学文化馆
> **特色亮点：** 中国科学技术协会"全国科普教育基地"、教育部首批"大思政课"实践教学基地、教育部和科学技术部科学精神专题实践教学基地、云南省科学普及基地
> **位置导航：** 云南师范大学呈贡校区数学学院（武之楼或同析 4 号楼）
> **参观贴士：** 免费观看；开放时间为周一至周五 9:00—12:00、14:15—17:15、周末和节假日接受团体（10人及以上）预约

探秘神奇的菌物世界
——中国野生菌博物馆科普基地

中国野生菌博物馆

随着云南山歌版"红伞伞白杆杆"预防野生菌中毒的视频走红，云南"野生菌王国"的名气也节节攀升。云南野生菌资源十分丰富，种类之多，分布之广，产量之大，享誉全球。据统计，世界已知高等大型真菌约1.4万种，我国有9302种，云南有2753种。世界已知食用菌2000余种，我国有966种，云南有882种（占全国的90%以上，按生物分类，归属于2门5纲13目54科161属）。世界四大名菌——松茸、牛肝菌、松露、羊肚菌，云南均有分布，且资源量巨大。据统计，我国野生食用菌约有70%产自云南，全省16个州（市）、129个县（市、区）均有野生食用菌产出，野生食用菌年产量约20万吨（位居全国第一），是当之无愧的"野生菌王国"。中国野生菌博物馆设置了食用菌标本展示区，淋漓尽致地展示了多姿多彩的菌物世界。如果你是资深菌子爱好者，又想要了解马勃菌为何会炸裂、吃菌中毒为何会致幻、蘑菇会说话是真的还是假的、毒菌如何辨识等问题，那就一起来位于晋宁区宝峰工业园区的中华全国供销合作总社昆明食用菌研究所一探究竟吧！

059

中国野生菌博物馆科普基地是依托中华全国供销合作总社昆明食用菌研究所的科技与人力资源建立的，是目前国内最大、知识体系最齐全的食用菌博物馆，包含展示区、实验室、菌种生产繁育示范区等，总面积达4500平方米，拥有国内食用菌资源保藏量最大、保藏种类最丰富、系统性最强的种质资源保藏库，目前已收集保藏菌株3000余份、干制标本4万多份、活体组织3000余份，涉及54个科160多个属700多个种，提取并保藏食用菌遗传物质1500余份；拥有云南省唯一获得中国计量认证（CMA）认可的专业性食用菌质量监督检验测试中心；拥有数字化、智能化的出菇房和栽培大棚作为科普教育实训基地。

步入标本长廊，几百种菌类浸泡在瓶瓶罐罐里，让人目不暇接。这里既有长相千奇百怪但却可食用的菌菇，又有白白嫩嫩看上去人畜无害，实际上食用50克就能致命的鹅膏类有毒菌菇。

光这条长廊，就能颠覆你对野生菌的认知。而对于"吃货"来说，盘子里的美味野生菌到底是怎么长成的，也可以在这座博物馆里找到答案。"白牛肝开伞以后，背上（背面）会弹射出孢子，孢子随风飘散后，落到土里面去，形成菌丝；在一定条件下又形成菌蕾，然后再长出小菇，形成成熟的牛肝，菌子实体就是我们可以在市场上看到的。"

而关于食用菌资源保护利用、菌种选育、栽培、保鲜贮藏、精深加工、食用菌产品检验、标准研究制修订等研究开发工作，馆内都有详细解说。

我国是世界上最早认识和利用野生菌的国家之一，大量古籍记载了"芝""蕈""耳"等大型真菌，"菌菜文化"也随之兴起。人们还利用菌菇衍生创作，将菌菇运用在火花和邮票上。传统中医学则认为："药食同源，食药兼有。"食用菌不仅营养、味美，药用价值也很高，在我国被用作药物有悠久的历史。我国是世界上最早利用真菌防治疾病的国家，药用真菌也是我国传统中医学的重要组成部分。中国野生菌博物馆设置的食用菌营养价值和药用价值展示板块，直观、生动地展示了食用菌的特色和其作为绿色大健康食品的重要意义。

金耳【学名：*Naematelia aurantialba* (Bandoni & M. Zang) Millanes & Wedin】是耳包革科、耳包革属真菌。

野生金耳多生长于夏、秋季，在海拔1800～3200米范围内生长较多，常单生或群生于阔叶林、针阔混交林中的壳斗科、桦木科等阔叶树朽木上。早在1983年，昆明食用菌研究所科研人员就在全国首次实现金耳人工驯化栽培，并进行了大面积示范推广。目前，研究所已对选育出的新菌株进行了SSR基因分子标记，并申请了专利保护。此外，羊肚菌、大球盖菇、姬松茸、花脸香蘑、紫丁香蘑、白茶薪菇、中华美味蘑菇等食用菌品种的开发都取得了丰硕成果。研究所瞄准农业科技需求，主动对接地方政府、农民专业合作社、食用菌科技企业等，为各级地方政府制定食用菌产业发展规划，在云南省建立10余个科技示范县；每年派出一批科技特派员主动服务"三区三州"地区，在当地开展各类食用菌实用技术培训班，累计培训农民5万余人次。

生物资源的保护，是关系到子孙后代的重要公益事业，一个物种一旦消失，就不可复得，而且会影响到整个生物链和生态系统。

中国野生菌博物馆展示了研究所几十年来在野生菌促繁和资源保护方面所做的工作成果，研究所科研人员几十年如一日，奔走在野生菌资源保育的漫漫长路上，采集了700多个种的野生菌标本，在野生菌资源的可持续利用和生物多样性保护方面发挥了重要作用。包括林下药用灵芝繁育、已被列入濒危物种的松茸繁育，都是野生菌保护的积极探索和实践，虽任重道远，但必须坚持不懈。

巨大的口蘑、1千克重的松露、紫色可食用的花脸香蘑……无叶无芽无花自身结果，可食可补可药周身是宝，蘑菇在这里等着你。要想吃菌不迷路，就来这里打个卡；要想种菌来致富，就来这里学技术，一起实现"菌快乐"，这个野生菌博物馆千万别错过！

> **温馨提示**
>
> ◉ **基地名称：** 中国野生菌博物馆科普基地
>
> ◉ **特色亮点：** 国内最大、体系最齐全的食用菌博物馆
>
> ◉ **位置导航：** 云南省食用菌全产业链科技示范园区（晋宁）
>
> ◉ **参观贴士：** 工作日 10:00—16:00 对外开放

地震科普，安全有我伴你行
——玉溪市防震减灾科普馆

地震是一种自然现象，一旦发生破坏性地震，后果严重，损失巨大。中国处在环太平洋地震带和欧亚地震带之间，是全世界地震灾害最严重的国家之一，中华人民共和国成立后因地震死亡的人数占自然灾害死亡人数的54%。中华人民共和国成立以来，1976年7月28日唐山大地震、2008年5月12日汶川大地震、1970年1月5日通海大地震及2010年4月14日青海玉树大地震等若干重特大地震，给我们造成了惨重的人员伤亡和财产损失。

我们生活在这个地理环境中，认识地震，提高防震减灾意识、应急避险和自救互救能力就显得非常重要。

玉溪市防震减灾科普馆作为防震减灾科普宣传的一个重要阵地，于2014年建成投入使用，先后投入900余万元建设资金，2015年被认定为"云南省科学普及教育基地"（现称：云南省科普基地），先后被认定为"国家防震减灾科普

教育基地"、"玉溪市科普教育示范基地"和"玉溪市社科普及示范基地"。场馆建筑面积1500平方米,馆内共有三十余个展项,设计和布展体现出时代特征、行业特点和玉溪特色,充分运用现代科学技术,将栩栩如生的模型、丰富多彩的动态图像、寓教于乐的互动模拟实验、身临其境的震感体验、通俗易懂的图文等呈现给社会公众,从认识、体验、预警、防御、自救互救的角度向公众宣传防震减灾科普知识。其中地球知识、地震知识、防震避险综合体验三大展区,向参观者展示了地震灾害的特点、应急避险及自救互救等多方面的相关知识和方法技能,最大限度地为减少灾难对生命安全造成伤害提供了一个学习和交流的平台。

序厅主要通过浮雕墙展示在地震造成的废墟中烘托出玉溪地震背景的形象墙,运用下沉式沙盘实体模型,综合向参观者介绍云南省地质地貌概况、地震断裂构造、历史地震的内容和相关信息。

一所歪歪扭扭的小房子上写着"地震倾斜小屋",模拟震后房屋严重破坏实景,营

造出一种断垣残壁、摇摇欲坠的感官感受。里面究竟藏着什么?体验者一进去,那叫一个晕呀!感觉身体跟跄、站立不稳,昏暗的灯光加上轰隆隆的响声,内心的恐惧在不断增加,地震的威力真的不可小觑啊!

接下来是地震模拟体验区。可以模拟体验5.5级、6.7级和7.5级三个等级的地震,让参观者真切体验地震横波来临时的晃动,激发大家学习地震科普知识和应急避险技能,在地震真正来临时保护好自己和身边的人。

通过讲解员对地震相关知识的讲解以及地震时不同区域的房屋损坏情况、地震前的一些异常情况的演示,我们能学到:原来地震波有横波和纵波之分,纵波的传播速度比横波快,横波振幅比纵波大、破坏力大,横波的水平晃动力是造成建筑物破坏的主要原因;一个6级地震释放的能量大约是一个5级地震释放能量的32倍,一个7级地震释放的能量大约是一个5级地震释放能量的1000倍。

在楼梯间的展板上，分别展示了国内和国外一些典型地震的震例，如国内唐山、汶川、鲁甸，国外日本、美国、秘鲁等地地震后的惨烈场景。在地震时，生命真的很脆弱。

二楼向参观者展示地震监测预报及抗震设防技术发展及应用情况，包括玉溪地震形势和地震工作展示电子书、玉溪地区地震背景电子沙盘、古代及现代的地震观测手段对比、多种手段的地震监测仪器、地震预警工作演示沙盘、建筑抗震减震技术体验、减隔震技术多媒体、动手搭建抗震建筑、砂土液化震害模拟演示等。虽然科技发展带来很多改变，但准确预测地震发生的时间、地点和震级仍然是有待解决的科学难题。

地震自救体验区分为应急救援装备展示、避难场所展示、次生灾害避险自救、应急物品准备和家庭安全隐患排查训练、地震模拟仿真场景逃生训练、灾后生活与恢复、地震及自救知识评价系统，综合向参观者展示震后避险、自救互救等方面的知识。

1970年1月5日凌晨，发生了导致15621人死亡的通海7.8级大地震，云南通海、峨山、建水等地受灾严重。展区通过陈列历史

物品、营造还原时代背景的方式，综合向参观者展示了1970年通海大地震发生时的部分场景。仪器陈列室则收集展示了玉溪市开展地震监测工作以来所使用的监测仪器和科技设备，提供了地震监测预报工作一个回望的窗口。

2019年11月，防震减灾科普馆线上展厅正式上线发布，公众可在电脑、手机端学习防震减灾知识。

地震灾害是无情的，生命是宝贵的。本科普基地能够帮助参观者更好地认知地震，掌握更多的防震减灾知识。一旦发生地震，能够利用所学的知识和技能勇敢、沉着、冷静地度过危机。

温馨提示

⊙ **基地名称**：玉溪市防震减灾科普馆

⊙ **特色亮点**：云南省先进的地震科普馆

⊙ **位置导航**：玉溪市防震减灾局院内（红塔区红龙路与玉河路交叉口）

⊙ **交通路线**：①驾车导航至"玉溪市防震减灾局"；②公交车线路：5路、15路、37路公交车至"临岸三千城（沙头村）站"步行500米，19路公交车至"市规划馆站"前行300米

交通路线会随时间发生变化，出行前请查询最新信息

⊙ **参观贴士**：

开放时间：工作日 9:00—11:00、15:00—17:00

门　票：免费，满 20 人预约开馆

预约方式：0877-2685633、2022012

玉溪市防震减灾科普馆线上展厅二维码

067

风情红河之旅的起始站
——红河州博物馆

在过桥米线的发源地——蒙自市的红河州行政中心广场西侧，伫立着红河州博物馆。据说这个占地面积3266平方米、建筑面积8121平方米的边疆民族地区的综合性地方博物馆里珍藏着很多难得一见的宝贝和它们动人的传说，也藏着人类起源地的秘密，就让我们一起走进风情红河之旅的起始站吧！

博物馆于2005年10月8日正式开馆，2008年向公众免费开放，2009年被命名为云南省科普教育基地。目前共有青铜器、陶瓷器、民族服饰、字画、锡器和古生物化石等各类藏品10405件，珍贵文物237件（套），其中二级文物14件（套）、三级文物223件（套）、一般文物10168件（套）。

在这里，可以一睹青铜龙首行灯（汉代，灯盘高4.1厘米，直径8.5厘米，质量240克）的风采，其通体覆铜锈，三足方鼎，托起灯盘，灯盘内立一锥形灯柱，可插蜡烛或绕捻加油点燃。在一条鼎足上自然延伸出一条龙形握柄，作引颈欲腾之状，特别是龙头纹饰清晰精美，形神兼备。这种龙形握柄使整个器物生动精美，仿若一条盘龙翘首，富有动感，让整个器物静中有动，寓动于静，可见汉代工匠高超的技艺和智慧及审美情趣。

而在1000万年前，红河州境内就有了人类祖先的足迹，史前文化展厅里展示的开远腊玛古猿化石足以证明。腊玛古猿化石于1956年在开远小龙潭煤层中首次被发现，1980年和1982年又进行了两次考古发掘，1982年发掘出12枚腊玛古猿上颌骨化石。研究表明，这些上颌骨化石为新生代第三纪中新世晚期化石，距今1250万年至1160万年。腊玛古猿的身高仅1米余，脑容量约300毫升，体质上的特征与人类相似，形态特征与印度、巴基斯坦交界的西瓦立克山区的旁遮普腊玛古猿和肯尼亚的威克种类似。因此，学界将其定为开远腊玛古猿新种，并视为人类的直系祖先。腊玛古猿的发现对研究人类起源有着重要贡献。

也许你听过周杰伦的歌曲《青花瓷》，可你了解青花瓷吗？其实，云南省建水县也曾有过烧制青花瓷的历史呢。从考古发掘的明代青花瓷火葬罐上，我们还能够看到当年青花瓷器烧制和装饰艺术的风采。三楼展厅里展出的明代青釉青花铭文罐是一个有故事的青花瓷器，上面写有"在籍纹纫人临安卫孙千户所江百户军丁卫夫家下"的铭文。据推测，这只青花罐是建水窑的工人为屯守在建水的临安卫孙千户所江百户士兵的家属、一位担任缝纫工作的女子所订制的火葬罐。古代为了解决部队的粮草问题，采用屯田制度保障部队的粮草供给。同时，士兵的家属也随营安家一并入军籍匠户，承担缝纫、建造、务农等工作。当时，云南很多地区实行火葬，这个火葬罐上的铭文就佐证了这一时期的军屯制度和火葬习俗，是极为罕见有明确地名标识的专用葬具。红河州的建水县在明朝洪武时期曾设置临安卫，罐上的"临安卫"指的就是现在的建水。

我们知道一首童谣："上树骑驴捉蚂蚱，下河摸鱼玩泥巴……""玩泥巴"玩到极致的手工艺品指的是红河州建水县生产的紫陶，1921年在巴拿马国际博览会上获得美术奖。建水紫陶创烧于清末，它集合了书法、绘画、刻填、烧制、磨光等工艺，以独特的魅力、特有的工艺信息、历史文化信息和民俗价值，被誉为中国四大名陶之一。向逢春是紫陶工匠中的杰出代表，他13岁学习制陶技艺，20岁后陶艺已闻名遐迩，后又自习书画装饰于各种类型陶器。他的作品造型优美，书画洒脱，刻填精湛，磨工细腻，被收藏家视为上品，其作品多次选送参加国内外工艺展览并获殊荣。三楼陶瓷展厅里就展出了向逢春的多件作品，包括花瓶、汽锅、笔筒等，非常精彩。

你知道cosplay吗？它狭义的含义是模仿、装扮虚拟世界的角色，也被称为角色扮演，但你知道100多年前的苗族的cosplay服饰吗？

博物馆的二楼民族服饰展柜里，就有一套100多年前的清代苗族衣裙，它有一个好听的苗语名称，叫"狄罗草"，汉语的意思是燕子服，由短小紧身的上衣和百褶裙组成。整套衣服色彩艳丽，刺绣精美，裙摆蜡染图案纷繁精彩，最特别之处在于上衣的左、右肩膀上各缝了一片方形的刺绣云肩，寓意穿上这件衣服，犹如展开翅膀的燕子，可以轻盈灵动地起舞。燕子也是苗族的图腾崇拜动物，每年还有燕子节。因此，我们收藏展示的，或许是百年前某位苗族少女的cosplay，一个"变身"为燕子的美丽幻梦。

博物馆里还有青铜钺、万家坝型铜鼓、辽西龙化石等精彩纷呈的展品。观展累了，再去甩（甩，意为"吃"）上一碗菊花米线解解乏，相信风情红河会和它的多姿多彩的地域文化一起刻入你的记忆，令你流连忘返！

温馨提示

- **基地名称：** 红河州博物馆
- **特色亮点：** 历史文化、民族文化相融合的综合性地方博物馆
- **位置导航：** 红河州蒙自市天马路 65 号
- **交通路线：** 蒙自市内可乘坐 30 路、9 路、22 路、13 路公交车到达"明珠路州行政中心"公交站，也可乘坐 2 路、15 路、17 路、18 路、19 路、35 路、37 路公交车到达"天马路州行政中心"公交站；自驾游客可将汽车停在红河州博物馆后门停车场（明珠路），停车场 24 小时开放

交通路线会随时间发生变化，出行前请查询最新信息

- **参观贴士：** 免费开放；周二至周日开馆，周一闭馆；参观时间为 9:00—17:00，16:30 停止入馆

探索保山的自然和人文之美
——保山市博物馆

在云南省保山市隆阳区三馆文化广场（永昌文化园4号），一座高19.6米、最大直径56.6米、模仿中国古代南方铜鼓造型的建筑耸立于此，它就是保山市博物馆。它占地面积5300平方米，建筑面积3224平方米。在这个椭圆形建筑的鼓壁上，反映保山历史文化的"九隆传说""丝道双虹""永昌象耕""强渡怒江"四幅大型浮雕，是保山市重要的标志性文化设施。

博物馆于1999年2月奠基建设，同年9月底建成开馆；2020年11月晋级为国家二级博物馆。想要了解保山的前世今生，就一定要逛逛这座综合性博物馆。

这里的"古道明珠，璀璨保山（通史展）"包括"序厅""多元史前""奇异青铜""永昌集萃""通道要塞"五个部分。不仅向观众展示地方历史文化脉络，还通过科普窗口培育观众的科学精神。其中独具地方特色的哀牢青铜器，一度受到广泛关注，人们也对其背后的故事产生了极其丰富的联想。

1962年8月，家住昌宁县大田坝村铁匠寨的刘波和几个同伴一起去砍柴，忽然被路边牛踩踏出现的小落坑里泛出绿光的东西吸引。出于好奇，当时只有6岁的刘波就用随身携带的大刀往土里挖。经过小心挖掘，一把铜斧和一把铜剑出现在大家面前……

故事就此开始，中原一带出土青铜器并不鲜见，但在距离中原数千公里之遥的滇西小城昌宁出土了象征王权的铜柄铜钺权杖、铜案、铜盒、铜钟、铜鼓、铜指护、靴形铜钺、人面纹铜弯刀等重要器物，不得不让人振奋。如今，徜徉在博物馆里，无论是集艺术和实用于一体的人面弯刀，还是奏响王者之音的编钟，总会给人一种跨越千年的联想。每次联想，都是与青铜的一次对话，都是对古老的保山大地璀璨文明的一次回望，也是古哀牢国先民在古老的保山大地创造出璀璨文明的最好见证。

在这里，大熊猫—剑齿象动物群向你缓缓走来，这些出土于高黎贡山东侧的山脚、怒江流域的西岸石炭纪灰岩的洞穴中的化石告诉你，距今78万年左右，我

国南方气候整体变冷变干,使热带－亚热带森林大量萎缩,这导致了丘脊型齿的中华乳齿象在华南灭绝,而东方剑齿象替代华南剑齿象,成为中更新世"大熊猫—剑齿象动物群"的骨干成员。而今,剑齿象早已湮没在尘埃中,而"滚滚"(大熊猫的昵称)却是如何顺应进化生存至今的?

这里有云南"最后的大熊猫"。2005年,一副大熊猫骨架在腾冲固东镇江东山天然竖井距地表40～60米深处发现,经北京大学第四纪年代学实验室测得年代为8000～5000年前,是云南发现的最晚的大熊猫化石。这一发现表明过去大熊猫的地理分布范围要比今天广得多,而且在进一步的研究中发现,腾冲江东山的大熊猫古代种群与现生大熊猫的各祖先种群存在不同程度的基因交流。由此说明,在大熊猫物种的演化过程中,伴随着其栖息地的退缩,其遗传多样性也有所丧失。

这里要致敬高黎贡山这座生命博物馆,通过地质学、古生物学和考古学的信息,高黎贡山的环境历史可以追溯到大约距今30万年前。在最近30万年中,高黎贡山的环境经历了许多变化,一些环境变化是由与更新世冰期有关的全球性气候变化引起的。但是另外的变化特别是森林消失、动物减少等,则是人类及其活动引起的。

在这里做这样的研究成果展示,是想让历史告诉未来,生物多样性和环境质量对人类的生存和发展至关重要,保护和珍惜生物多样性是建设人类命运共同体的关键保障。

博物馆还率先推出文旅融合发展的专题展览"畅游保山",吃喝玩乐,全面展示保山灿烂悠久的历史文化、奇丽的自然风光、丰富的自然资源和独具特色的物产。

当然,除展示外,博物馆还根据自身特点、条件,运用现代信息技术,开展形式多样、生动活泼的社会教育和服务活动。在国际博物馆日、文化遗产日、科普宣传周等重要节点定期举办博物馆之夜,在春节、元宵节、中秋节等传统节日组织开展专题科普教育活动;制作专题展板,如"触摸陶瓷，认识历史""人类的双面书架——高黎贡山""南方丝绸古道上的文化遗产""保山市博物馆馆藏精品"等，以流动博物馆的形式深入校园（社区）巡展，拓展科普教育空间，丰富校园文化生活内涵，助推解决文化发展不均衡不充分的矛盾。同时，还与省内外博物馆（纪念馆）开展交流展览，让人们足不出保山就能零距离接触来自祖国不同地域悠久灿烂的文化，增强文化认同和文化自信，培育人们尤其是青少年的科学精神。在引进展览期间，组织开展专项社会教育活动和专题讲座，让观众从视觉、听觉和触觉等多方位参与科普活动。如引进"指尖艺术——王洪祥面塑作品艺术展"时，开展面塑教学与实践；引进"吉鸡祥鸟朝保山摄影展"时，组织开展摄影专题讲座；引进"汉画石语 舞动汉风——山东（枣庄）汉画像石精品拓片展"时，组织开展拓片教学与实践活动等。

沧海桑田，曾经繁荣昌盛的古哀牢国已湮没在历史的长河中，但一切想象的线，最终都会相交在探寻古哀牢国文化这样一个点上，因为王朝或有尽时，文明却永远不死。万象更新，生命多姿多彩，高黎贡山迷人的物种高地，等待你来探寻！

温馨提示

◉ **基地名称：** 保山市博物馆

◉ **特色亮点：** 综合性地方博物馆

◉ **位置导航：** 云南省保山市隆阳区三馆广场

◉ **交通路线：** 坐公交或自驾

公交线路一：乘坐2路、3路至"女子医院"站下车

公交线路二：乘坐11路至"三馆"站下车

公交线路三：乘坐17路至"济康医院"站下车

交通路线会随时间发生变化，出行前请查询最新信息

◉ **参观贴士：** 免费开放；开放时间：8:30—11:30、14:30—17:30

打造蓝色研学新高地
——大理海洋世界

也许你有一个向往，期待面朝大海，春暖花开。你是否对海洋里的世界充满好奇与期待？在大理洱海的东岸，就有一个神秘的海底王国、极地世界，能满足你对海洋的一切憧憬。这里，河川生态、奇幻雨林、海洋探索、海岸旅程、梦幻水母、危险海洋、海兽岛、海豚池、鲸鲨池、海底隧道、海底教室、极地探险等12个主题展馆，全方位真实再现绚丽多姿的海洋世界。

大理海洋世界鲟鱼展池

大理海洋世界裂腹鱼展池

大理海洋世界于2019年6月8日建成开馆，位于大理海东山地新城中心片区，总占地面积约3万平方米，总建筑面积7.8万平方米，共有4个组成部分，分别是海洋馆、冰雪乐园、萌宠乐园和潮玩体验馆，是云南省科学技术厅公布的第十三批省级科普教育基地，是一座具有国际一流水准的现代化大型海洋世界，也是国内首家以融入地域文化和民族风情为主题的海洋主题公园，是集海洋文化、科普教育、展现地方特色于一体的现代化海洋文化体验馆，拥有近2万立方米的水体，水体量居全国前列；拥有珍稀海洋动物品种达300余种，数量3万余尾。

作为主展区的海洋馆创新性展示云南独有的少数民族特色景观和原生水生物种，充满地域风情特色。一层主要将西南地区原生土著鱼类结合地域文化和民族风情进行展示，依次是白族风情展区、版纳风情展区、科普馆及丽江风情展区。

白族风情展区主要展示的是国家二级保护动物后背鲈鲤、鱇浪白鱼、滇池金线鲃等。其中，鱇浪白鱼、滇池金线鲃、大头鲤和大理裂腹鱼并称为"云南四大名鱼"。大家在参观了解西南土著鱼类的同时，能领略更多的白族风情。

版纳风情展区利用声、光、电等手段，结合周围原始森林、参天大树的造景及壁画等，高度还原了西双版纳热带雨林区。在这里不仅能看到细鳞裂腹鱼、岩原鲤和长薄鳅等国家二级保护动物，也能看到有着"水中活化石"之称的鲟鱼。鲟鱼是地球上现存体形最大、寿命最长、最古老的淡水鱼之一，已经在地球上生活了2亿年，曾和恐龙生活在同一时代。鲟形目所有种也于2019年被列入《华盛顿公约》CITES附录Ⅰ、Ⅱ。

科普馆展区主要是由"三江并流"及"澜沧明珠"两个主题构成。"三江并流"主要介绍了三江流域丰富的动植物资源以及美不胜收的自然景观；"澜沧明珠"则是利用一组模型生动讲述了苍山洱海的形成过程以及洱海底部的构造。

　　科普馆内还利用模型对云南省境内六大水系和九大高原湖泊进行展示，让我们能直观地认识到云南省内重要水资源分布情况，以及它们与大理的区位关系。

　　丽江风情展区，小巷的墙壁上画满了丽江古城里美丽的符号——东巴文，它被誉为人类社会文字起源和发展的"活化石"。油纸伞作为丽江旅游的重要符号，与一旁银装素裹的玉龙雪山以及古朴典雅的丽江古城壁画互相映衬，让你仿佛置身在丽江古城斑驳的小路上。展缸里来自美洲热带地区的凶猛淡水鱼类鳄雀鳝、巨骨舌鱼等外来入侵物种让我们深刻认识到保护生态环境的重要性。

二层有着云南省最大的海底亚克力巨幕以及省内最大的人工展池，单展池水体超1.1万吨。这里是"海王"的领地，海底隧道从"海王"身旁穿过，隧道全长35米，高2.6米。进入海底隧道，仿佛漫步深海，不时会有鱼儿从我们头顶和身旁经过，有隆背斜鼻、眼睛小而凶狠的沙虎鲨；有头部有类似护士帽一样装饰而得名的护士鲨；还有身上带有斑点的豹纹鲨；常年以海草和藻类为主食的绿海龟；身体扁平，尾巴细长的燕子鳐；等等。这里每天都有上万只海洋生物与海的女儿一起演绎"人鱼公主"的传说……

大理海洋世界水母宫殿

大理海洋世界海豚剧场

三层主要围绕"海豚剧场""海底花园"和"水母宫殿"三个部分展开。其中"海豚剧场"能同时容纳1500名观众观看演出。在这里不仅能欣赏到"海洋明星"南美海狮和太平洋瓶鼻海豚的精彩演出,还能在轻松欢乐的氛围中学到海洋相关知识。"海底花园"部分采用星空顶的设计,四周彩绘的海底景观与展缸里畅游的小丑鱼等精品鱼类虚实结合、相互呼应,身临其境看此美景,着实令人流连忘返。水母宫殿,顾名思义,这里是水母的天地,形形色色的水母在这里汇集。水母的出现可以追溯到6.5亿年前,它也被称作地球的"活化石",全世界的水母有250种左右,分布在世界各海域。在灯光的映射下,它们游动的时候就像一个个穿着灯笼裙的舞者随着律动在翩翩起舞,美轮美奂,绝对是你拍照打卡的不二之选!

畅游大理海洋世界 | 领略云南民族风情 大理海洋世界欢迎你!

温馨提示

◎ **基地名称**:大理海洋世界

◎ **特色亮点**:国内唯一一家以西南原生土著鱼类设置主题展示的海洋展馆

◎ **位置导航**:云南省大理白族自治州大理市海东山地新城三合与独秀路交叉口(北京湾对面)

✠ **交通路线**:市内可乘坐26路公交车到大理市行政中心转乘大理海洋世界公交专线即可抵达;从大理站乘坐出租车大约30元,车程约20分钟;也可自驾,导航搜索"大理海洋世界"即可按导航提示前往,景区有免费停车场,车位充足
交通路线会随时间发生变化,出行前请查询最新信息

❗ **参观贴士**:全年每天 10:30—17:00 对外开放

边陲宝地之明珠
——澜沧县科技馆

关于地震你了解多少？灾难可怕、痛苦……既然阻止不了地震的发生，那么当地震来临时我们就要学会自救。自救方法你知多少？为何预测地震至今都是难题？想要对地震发生时的状态有所体验，那就和我一起走进云南省普洱市澜沧县科技馆去科技模拟的现场体验一次吧！

澜沧县科技馆坐落于《芦笙恋歌》诞生的地方澜沧，于2012年11月开始筹建，2016年5月开馆，总建筑面积2018.8平方米，布展面积1628平方米。科技馆分四层，设四个展厅。一层是地震科普体验馆；二层是生态资源展厅；三、四层是科学启蒙厅。馆内设4D影院一个、培训室一个、学术报告厅一个、人工智能体验区一个。科技馆集科技文化展示、科普教育、科普培训于一体，是云南省科普基地、全国科普教育基地和全国科学家精神教育基地。2021年5月成为由中国科技馆发起的"百馆千场万人科学家精神宣讲联盟"成员单位。2022年12月，科技馆被中国科协认定为全国科普教育基地。

地震是自然界中存在的无法避免的一种自然现象，它具有突发性强、破坏性大、影响深远等特点。澜沧县是云南省地震灾害最为严重的县之一。县内分布有数十条不同规模的地震断层，其中发生过7级以上地震的断层就有三条，分别是木戛断裂、澜沧勐遮断裂和孟连断裂。1988年11月6日21:03，澜沧—耿马发生的7.6级地震（"11·6"大地震）就是木戛断裂强烈活动的结果。为弥补人民群众对地震认识的不足，澜沧县自筹资金建立起云南省唯一的县级防震减灾科普体验馆，共设序厅、云南和澜沧地震带分布、澜沧"11·6"大地震再现、地震模拟体验平台、4D影院等多个展区。科技馆的辅导员首先带领大家了解澜沧地震带，观看澜沧

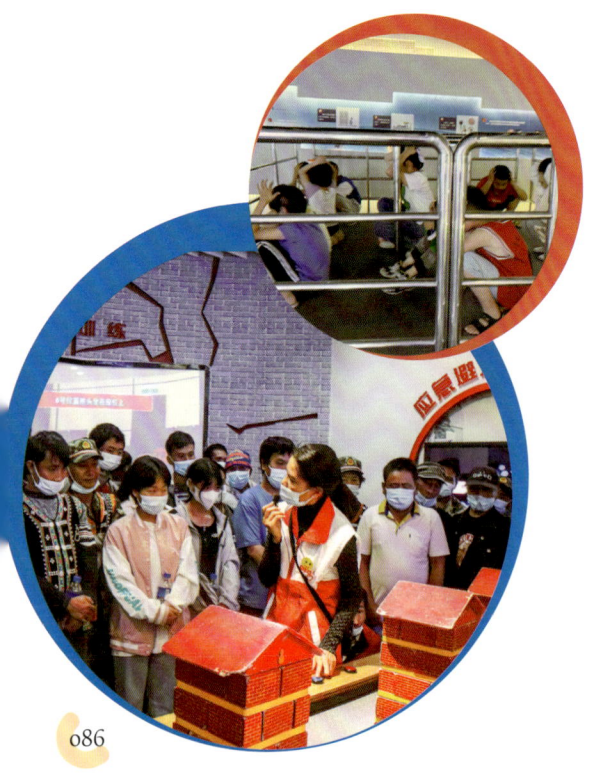

县"11·6"大地震视频,随后在模拟地震台上体验地震震感。通过切身感受地震,让体验者不仅了解到地震来临时房屋结构安全的重要性,也能掌握一些逃生方法,将实际与理论相结合,体验效果上佳。4D影院里播放的灾难启示录,通过更直观、更有效的方式,让人们对地震的灾害性有更深刻的认识,提升防范意识和对生命的敬畏,更有利于防震减灾。2022年5月21日,由澜沧县地震局、澜沧县教育体育局、澜沧县科技馆共同联合在澜沧县科技馆举办了普洱市第一届学校防震减灾科普讲解大赛(澜沧赛区)预选赛。各参赛选手紧紧围绕"防震减灾科普知识"自主选题,风格多样,内容科学、有趣,形象地讲解了防震减灾科学知识。

在科技馆二楼的科学家精神展厅密封罐

里，安静地躺着一个"冬日里的精灵"——马铃薯。正是这个人们司空见惯的马铃薯，道出了一个科学家、一个科研团队对党的忠诚和为人民服务的信心与决心。中国工程院院士、云南省科协主席朱有勇院士被誉为"农民院士"，他称自己只是一个"会种庄稼的农民"。2015年，他带着团队来到了国家扶贫开发工作重点县、云南省27个深度贫困县之一的澜沧，找准澜沧的"贫根"，整合各类教育资源，在全国开院士为农民办班之先河，通过"院士专家指导班"，带领学员到田间地头、禽畜圈旁边教边做、边做边学，为澜沧培养了大批新型农民和致富带头人，为澜沧县打赢脱贫攻坚战奠定了坚实的基础。朱有勇院士说，自己是共产党员，是党培养的知识分子，党旗所指就是奋斗方向。扎根脱贫攻坚一线，他用满腔热忱诠释了初心使命。从此，科技扶贫的星星之火，点亮了拉祜山乡的村村寨寨，实现了一步跨越千年的奇迹。这个马铃薯便是2016年在澜沧县竹塘乡蒿枝坝小组冬闲田里试验示范种植成功的冬季马铃薯，单个重达2.49千克，乡亲们笑了、富了，亲切地称它为"冬日里的精灵"。2017年，朱有勇院士把这个最大的马

087

铃薯赠送给了澜沧县科技馆。科技馆从此接过弘扬传承科学家精神的使命接力棒，推进科学家精神可视化、具体化，在全社会形成尊重知识、崇尚创新、尊重人才、热爱科学、献身科学的浓厚氛围。

在科学启蒙厅，声、光、电、磁、人工智能等学习探秘活动让孩子们流连忘返。与机器人优友语音互动、和小胖学英语、和小宝聊天，都是孩子们最喜爱的。VR沉浸式体验、游迷宫、和小球来一场奇妙之旅，这些寓教于乐的方式，不仅让孩子们流连忘返，也开启了孩子们的科学梦想。

2022年3月23日，"天宫课堂"第二课于中国空间站正式开讲，基地特地设立了分课堂，让在场的青少年通过观看直播的方式，参与"天宫课堂"第二课的学习，并同步进行了天地对比实验。本次太空授课活动采取天地对话方式进行，三位航天员面对镜头分别演示了太空"冰雪"实验、液桥演示实验、水油分离实验和太空抛物实验，学生们认真听讲，并与航天员同步做起了太空实验。这一系列生动直观又富有趣味性的小实验，进一步加深了学生们对重力、离心力、表面张力等物理概念的理解，

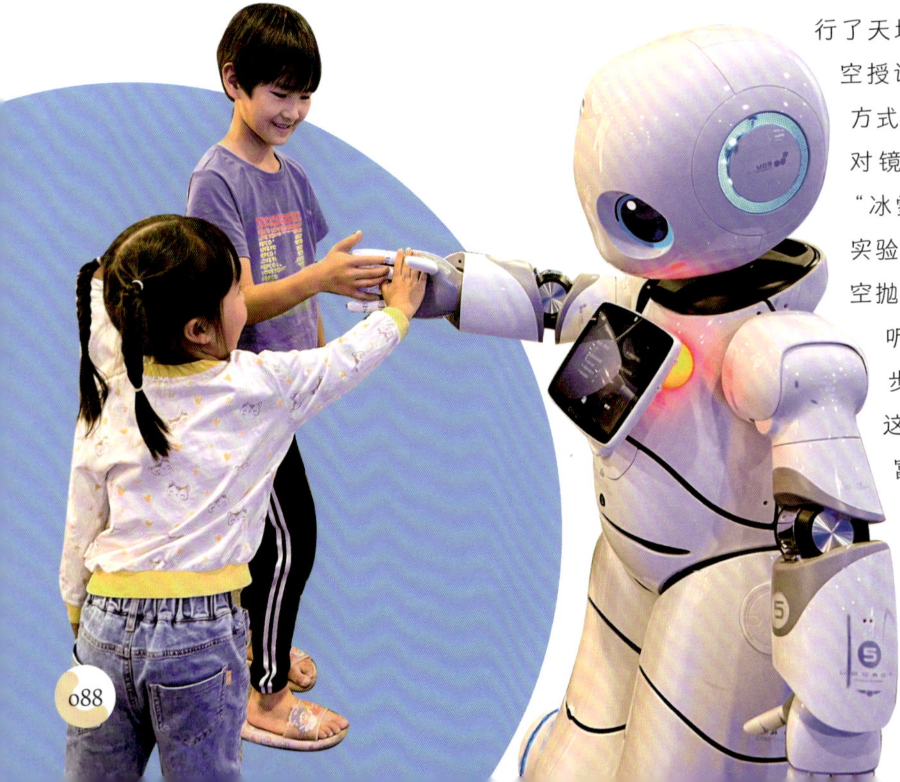

激发了他们探索太空的热情和对解密宇宙奥秘的向往。以此为契机，澜沧县科技馆积极探索与开展航空航天主题科普活动，进一步加强科普主阵地建设，提高科普服务能力，助推青少年科学素质提升。

　　美丽的澜沧欢迎你，以科技促进发展，以科学点亮生活，澜沧县科技馆在履行科普使命的同时也将与你一起携手创造美好未来！

温馨提示

◉ **基地名称：** 澜沧县科技馆

◉ **特色亮点：** 云南省唯一的县级防震减灾科普体验馆

◉ **位置导航：** 澜沧县拉祜广场

◉ **交通路线：** 位于县城中心，到达澜沧县城后导航"澜沧县拉祜广场"；步行，骑共享单车，乘网约车、出租车，自驾均可

交通路线会随时间发生变化，出行前请查询最新信息

◉ **参观贴士：** 部分展区开放时间

4D影院：9:40—10:00
　　　　　15:30—15:50
地震体验台：10:00—10:10
　　　　　　15:50—16:00
人工智能展区：10:10—10:30
　　　　　　　16:00—16:20
VR体验：10:40—11:00
　　　　　16:30—16:50

一个神奇、好玩、有趣的科学乐园
——临沧市科技馆

  临沧市科技馆位于佤族文化发祥地之一的临沧。科技馆logo是由茶叶、双手和蓝色的天空等元素组成的，整体形象类似佤族吉祥、神圣、高贵的牛图腾，又像是一盏节能灯，寓意我们要用双手、用绿色和创新的科技来点亮临沧美好的未来。科技馆展厅面积为2322平方米，分为"序厅""科技临沧""科技与生活""儿童乐园""未来科技"五个主题展厅，共有59件展品展项。自2018年开馆至今，累计接待20余万人次，承接青少年团队参观学习300余场次，2022年被评为"全国科普教育基地"和"云南省科普教育基地"。

"我长大了要当宇航员！"这应该是大多数人小时候的梦想吧。我们都有一个航天梦，探索神秘宇宙和外太空对于我们来说并不是遥不可及。在通往科技馆的走廊上，我们能看到火箭模型图和璀璨的宇宙星空图。蕴藏着无尽奥秘的宇宙和太空，等待着我们去不断地探索。在儿童乐园展区，不仅可以看到绚丽多彩的曼妙星空、炽热的太阳、八大行星以及数十颗小星星组成的五大星座，还可以看到行星运行的状态，领略四季变化和九星连珠的天体奇观。除了这些，儿童乐园展区的火箭模型、失重的摇摆；未来科技展区的远程协作、太空育种；未来空间站的模拟宇宙飞船、太空舱；1：1比例的航天服模型都可以满足大家"小小航天员"的初体验。

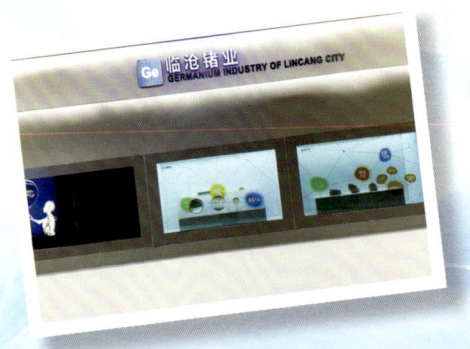

在科技临沧展厅内，有一幅雄鹰展翅高飞的文字画卷，它向大家呈现临沧农业、工业、科技产业的成果和发展定位，寓意着临沧未来的腾飞、跨越和发展。云南临沧鑫圆锗业股份有限公司是国内锗产业链最为完整、锗金属保有储量最大、锗产品产销量最大的锗生产商，在走廊右侧三个透明展柜中可以领略临沧锗业的领先科技和发展前景。透明柜内陈列着锗的原矿石、以锗为原料加工的半成品和成品，可以通过触控屏和墙体图文了解、查询更多有关锗的信息和科普内容。

在与我们生活息息相关的科技与生活展厅，可以通过敲击无皮鼓、管道乐器以及拨动无弦琴来享受一场别开生面的音乐盛宴，在玩乐中探索声学知识。在科技馆，我们可以通过参观体验细胞世界、胎儿的发育、人体八大系统、人体器官组织、认识自己、运动中的骨骼、错觉画等探索人体奥妙，了解神奇的人类生命孕育过程和人体结构。

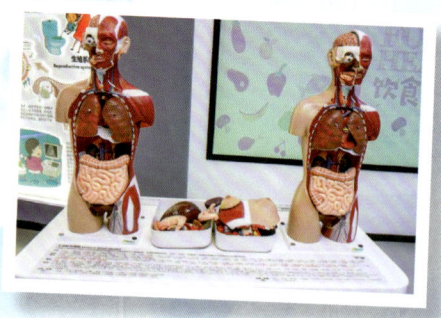

在未来科技展厅设有虚拟现实、VR穿戴设备、机器人下棋等展项，可在此开启一场身临其境的奇妙之旅和精彩绝伦的游戏对战。通过9D-VR和VR游戏设备，能体验过山车或太空遨游，也能与游戏中的三维游戏场景进行体感互动，还能与智能机器人同台切磋棋艺。

在科技馆内，设有一个5D影院，它能将视觉、听觉、触觉和动感完美地融为一体，模拟电闪雷鸣、风霜雨雪、爆炸冲击等多种互动特技效果，产生呼之欲出、栩栩如生的立体动感画面，让人们体验一场虚幻仿真、惊心动魄的冒险旅行。

在科技馆创客空间，开设有"火山爆发""大眼爬虫""国旗升降""嫦娥灯笼"等特色科普小课堂和亲子活动，深受广大家长和青少年朋友的喜欢、支持，累计授课约200场次，近5000人参与。另外，临沧市科技馆为充分发挥科普教育阵地的优势，每年寒暑假期间通过青少年之间互相带动，以横向延伸科普资源的创新科普宣传方式，开展"注入科普新力量——我是小小讲解员"活动。自2019年活动开展以来，共有100余名青少年学生参与活动；其中，27名学员被特聘为临沧市科技馆"金牌小小讲解员"，为临沧科普事业的发展注入了新力量。

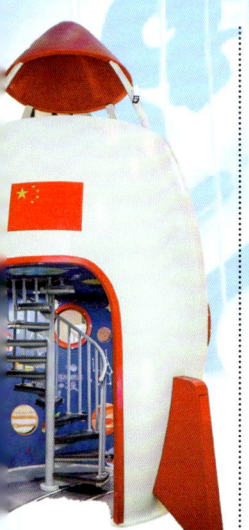

温馨提示

- **基地名称：** 临沧市科技馆
- **特色亮点：** 活动类型丰富，是临沧最具规模和特色的免费开放科普场馆
- **位置导航：** 临沧市科技馆（市文化广场内，文化馆三楼）
- **交通路线：** 市区乘坐公交：火车站—茶马古镇公交专线，在"市文化广场"公交站下车即到；5路公交车，在"金穗园小区"公交站下车即可

交通路线会随时间发生变化，出行前请查询最新信息

- **参观贴士：** 进入"临沧科学技术馆"微信小程序，可进行"云逛展"。线下开放时间：周三至周五9:00—11:30、15:00—17:30；周末10:00—16:00；周一、周二闭馆。科技馆所有活动均免费，无门票

自然资源科普宣传，我们在行动
——临沧市城市规划馆

  关于临沧市情、生态资源、民族文化、基础设施、矿产资源、对外合作、智慧城市等科普知识，你了解多少？如果你想要进一步地了解临沧、读懂临沧，就请和我一起走进临沧市城市规划馆现场体验一次吧！

 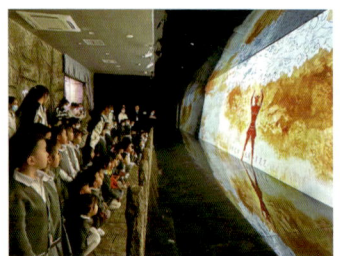 

临沧市城市规划馆位于临沧主城区沧江北路3号市民广场，建筑面积约1万平方米。临沧市城市规划馆采用大量的声、光、电、数控、视频展示技术，通过形象展示、亲民互动、共同参与，引发共识共鸣，寄托情感，承载记忆，呈现风情独特、底蕴深厚、前景无限的大美临沧。自2017年11月开馆运营以来，参观人数达57.3万余人次，开展专场讲解5300余场次，接待国家、省部级领导75人，接待来自俄罗斯、美国、英国等86个国家和地区的华侨华人1.8万余人次，接待2800多个预约团队32万余人次，接待学校师生3.5万余人次，接待市内外游客20万余人次。得到社会各界和广大市民的好评，2022年荣获"云南省科普教育基地"荣誉称号。

每个小小少年都有超多个疑问："爸爸，大象到底有多大？""妈妈，猴子真的会在树上荡秋千吗？"……你想身临其境感受大自然吗？你想和亚洲象、印支虎、小飞猴做朋友吗？你想知道最"害羞"的植物是什么吗？那就让我们一起走进临沧市城市规划馆二楼的生态复原空间。

临沧生态复原空间里面有亚洲象、印支虎、绿孔雀、白掌长臂猿、豚鹿等逼真的动物模型和植物模型。影片《倾听森林呼吸》《探访动物王国》《乐享恒春天堂》展示着临沧的珍贵植物、珍稀动物以及恒春的气候，还有各种真实的鸟叫声、下雨声、落叶声、雷声、闪电等环境音效，让大家仿佛置身于大自然。馆里还有红领巾小小讲解员给小朋友们讲述生动有趣的小故事。

你想要了解拥有3000多年历史神秘的沧源崖画吗？那就让我们一起走进规划馆的沧源崖画复原空间。

沧源崖画是我国目前发现的最古老的崖画之一。沧源古崖画群,为中国八大古崖画之一,据测定,创作于3000多年前的新石器时代晚期。自1965年发现沧源崖画以来,至今在沧源耿马境内共发现17处16个点,共有图画1100多幅。

沧源崖画是用手指或羽毛等蘸抹红色颜料绘成,是灰色石灰石上的赭红色图画。它们由原始先民用动物血和赤铁矿混合的颜料绘制而成并保存至今,当地人称为"染典姆",意为"岩石上的画"。崖画会随日照时间、天气阴晴、干湿冷暖等因素不断地变化色彩,当地佤族和傣族群众说它是"一日三变,早红、午淡、晚变紫",俗称"鬼画"。沧源崖画内容丰富、栩栩如生。崖画各地点的画面距地面2~10米,画面长1~30米不等,画幅小者由数个零散图形组成,大者数以百个。据统计,崖画共有动物187个,房屋25座,道路13条,各种表意符号35个;还有树木、舟船、太阳、云朵、山峦、大地等图画。

崖画分布于沧源县的勐省、曼帕、丁来、吴良等11处海拔2000米以上的山崖上。崖画主要是描绘狩猎、采集等生产活动场面,还有战争凯旋图,上绘干栏式房屋及手持兵器、驱赶猪羊胜利而归的人们,所画粗犷古朴,是研究南方古代民族历史的重要资料。

在这里，孩子们还可以观看生动有趣的《族纪·司岗里》影片。影片还原了先民狩猎、祭祀、生产、生活等场景，展现了从溶洞中走出来的原始先民们勤劳、勇敢、善良的品格和古老的生存智慧。该影片于2019年11月27日荣获第六届深圳青年影像节最佳动画片奖。我们计划以艺术的形式，把沧源崖画通过动漫、土陶、家庭装饰等形式推广出去，让世界更好地认识有3000多年历史的沧源崖画。

你想了解和感受边陲小城极具代表的少数民族——傣族和佤族"水火相容"的民族文化吗？你想听一听黄衣阿佤神秘的爱情故事吗？你想感受民族热情的歌舞文化氛围吗？那就和我们一起走进规划馆的步步生花的多元民族展厅。

展馆在三楼还设置了资源回收互动区。资源回收互动主要是以游戏的形式让孩子们参与到环境保护的工作中来，以一种生动、形象的方式普及垃圾分类知识，将可回收利用的废旧物资、再生资源进行分类回收，让孩子学习可回收资源与不可回收资源的基本知识。

此外，展馆的自然资源科普宣传进公园、进社区、进校园、进企业等活动也受到了市民的欢迎，人们在更深层次了解到临沧的物华天宝的同时，也增强了对城市的归属感和凝聚力。

温馨提示

◎ **基地名称：** 临沧市城市规划馆

◎ **特色亮点：** 展馆采用大量的声、光、电、数控、视频展示技术，结合临沧的发展，在内容信息量、趣味性、知识性、互动参与性等方面深入构思，汇集展示规划、建设、发展改革、交通、国土、旅游、文化、招商、水利、卫生、教育、农业、林业、环保等部门的规划建设成果和蓝图，进一步丰富展示临沧的发展成就和未来发展蓝图

◎ **位置导航：** 临沧市临翔区沧江北路3号市民广场

◎ **交通路线：** 可乘坐1路公交车到"沧江园"公交站下车，步行15米至市民广场即到；驾车直接到临翔区沧江北路3号市民广场停车场内即可

交通路线会随时间发生变化，出行前请查询最新信息

◎ **参观贴士：**

临沧市城市规划馆运营时间为周一至周四、周末 9:00—11:30、15:00—17:30（16:30 停止入馆），免费向社会开放（节假日开放时间以公告为准），周五闭馆检修维护；市委、市政府重大活动及节庆日，适时调整运营开放时间

定时讲解场次和时间：第一场 09:00—10:30，第二场 10:00—11:30，第三场 15:00—16:30，第四场 16:00—17:30

大自然的恩赐

——云南石林世界地质公园科普基地

昆明往东78千米的石林县，是一个有着建县2100多年历史的地方。这里空气清新，四季如春，绿草如茵，鲜花盛开，是消暑避寒的旅游度假胜地，也是世界上最奇特的喀斯特地貌的所在地。

这里在约3亿年前，是一片泽国，经过漫长的地质演变，终于形成了现今极为珍贵的地质遗迹。其中石林以其高大、密集的石灰岩石柱呈森林状分布而得名，是典型的高原喀斯特，是剑状喀斯特（Pinnacle Karst）世界模式地，是由密集林立的剑状、柱状、塔状喀斯特岩体组合而成的自然景观，是中国南方喀斯特地区石林形态的典型代表，是世界上该类喀斯特的最好样板，被誉为"石林博物馆"，是地质术语"石林"的得名

地。此外，这里还发育了漏斗、石芽、暗河、湖泊、溶丘、溶洞、洼地、天生桥、瀑布等其他喀斯特地貌，且古生物化石蕴藏丰富（被列为中国古脊椎动物化石保护区），从地上到地下构成了一幅喀斯特全景图。

2亿多年的演化、经历了4个地质历史时期，历经从海洋到陆地、从低地到高原几千万年的地质演化过程。在此期间，石林地貌一直处在继承和替代的过程中，老的石林逐渐消失，新的石林不断形成，大部分石林都经历了两次被覆盖（二叠纪末的火山熔岩和早第三纪的湖泊红层）和两次再露出的过程。而今在石林地区南北长约30千米的狭长地带内，姿态各异的石头成簇成片广布于各种地形，状人拟物、惟妙惟肖。在世界类似喀斯特地貌中，"云南石林是地球上少有的、非常独特珍贵的一种地貌类型。要是消失了，大自然也就永远失去了这种地貌类型"。1931年石林建园，1950年开发建设，1978年对外开放，1982年成为国家级重点风景名胜区，此后相继成为省级自然保护区、国家地质公园、国家5A级旅游景区、国家生态旅游示范区、全国科普教育基地、国家自然资源科普基地，2004年成为首批世界地质公园，2007年以"中国南方喀斯特"（一期）重要组成部分被列入世界遗产名录，2022年入选全球首批100家地质遗产地名录。

当然，这里也是世界上通达条件最好的石林，游人可以走近它、观赏它，在不到500米的高差上，无论俯视、平视、仰视，都有不同的景致收入眼底。人们张开想象的翅膀在其间遨游之际，也会为其生态系统多样性构成的美丽画卷而着迷。

这里的森林生态系统，有常绿阔叶林、硬叶常绿阔叶林、落叶阔叶林、暖性针叶林、稀树灌草丛、灌丛和草甸7种陆生植被类型，地带性植被为亚热带半湿润常绿阔叶林。高原湖泊湿地生态系统：大小湖泊80多个，沿路南盆地边缘大小龙潭、泉点50多个；有典型的高原喀斯特湖泊生物群落——高原海菜花系群落，海菜花这种对水质要求极高的物种是云南高原湖泊独有的；洞穴生态系统：石林地区洞穴分布面广、数量多，且伴有地下河，以石林高原盲鳅等为代表的洞穴生物丰富，体现了完整、独特的亚热带喀斯特高原干湿季风自然生态系统的形成和演化。

由于特殊的地理地貌和气候环境，这里已发现的植物种类有维管植物147科533属889种，其中蕨类植物有14科25属43种，被子植物有130科499属833种。动物物种有脊椎动物185种，其中兽类42种、鸟类87种、爬行类32种、两栖类12种、鱼类12种，珍稀濒危动物有国家重点保护动物兽类7种、国家重点保护鸟类8种，充分体现了生物的多样性。

这里还有旧石器遗址等各个时代的人类活动遗存，以及主要人文事件遗址等，全面地展现了当地彝族形成发展及其历史文化，以及与其他民族的经济、文化、军事、交通的往来历史与相互影响。这里有独特的石头文化、密枝节与密枝林文化，独特的民间艺术与民族工艺服饰文化等；热烈的民族传统节庆"火把节"，源远流长的撒尼民间叙事长诗《阿诗玛》，深沉苍凉的创世诗《尼迷诗》，欢快的舞蹈"撒尼大三弦"，经典民歌《远方的客人请你留下来》；石林农民画，浓墨重彩；大糯黑村、蓑衣山村、五棵树村、堡子村、阿着底村等特色乡村。其中，有600年历史的大糯黑村整村建筑由石头堆砌而成，是中国传统村落。矣美堵村位于石林县东南部的圭山半山腰，海拔2035米，属典型的少数民族边远高寒山区，居民以彝族支系彝青人为主，在圭山国家森林公园之中。全县共有非遗名录项目120项，其中国家级4项，省级5项，市级29项。

云南石林世界地质公园科普基地为游客提供了13条科普观光线路，其中4条为专门的地质科研考察线路。目前开发的石林研学旅行实践课程有：石林喀斯特探秘之旅、阿诗玛文化区探寻之旅、中医文化品味之旅、绿色生态体验之旅、冰海科普探究之旅。

"远方的客人请你留下来"，阿诗玛的故乡想以深情的歌声把你留下来。

温馨提示

◎ **基地名称**：云南石林世界地质公园科普基地

◎ **特色亮点**：地质遗迹+生物多样性+非遗文化+村落文化+现代农业

◎ **位置导航**：云南省昆明市石林彝族自治县石林大道

◎ **交通路线**：公交、自驾、高铁均可到达

公交：66路公交车自石林西站到石林县城往返开行，99路公交车自石林西站到石林风景区往返开行

交通路线会随时间发生变化，出行前请查询最新信息

◎ **参观贴士**：

开关园时间：3月1日至10月31日07:30—18:30；11月1日至次年2月29（28）日08:00—18:00

石林旅游服务电话暨石林风景名胜区管理局电话：0871-67711439

玩转 昆明植物园

云南植物种类异常丰富，是举世瞩目的"植物王国"，可以花一生的时间在这里坐观云卷云舒，闲看花开花落。在昆明的北郊，隐藏着一个植物宝库，多样的生物在这里和谐共处，演奏出从热带到寒带、从雨林到荒漠、从水生到陆生、从低等到高等的植物家族梦幻般的交响乐。现在，就跟着小编一起去看看吧。

昆明植物园位于云南省省会昆明市北郊，始建于1938年，属中亚热带内陆高原气候，开放面积约44万平方米，分为西园和东园。这里与公园不同，云南高原、横断山、青藏高原和喜马拉雅地区的重要植物在这里安家落户，与全球五大洲的代表性植物共8800多种构成了高原上的植物星球。这里是珍稀濒危植物的避难所，是重要植物迁地保护的殿堂和植物自然博物馆。昆明植物园为植物精灵们建了16个主题精美的植物家园，科技工作者们扎根在这里，对植物精灵们开展研究工作，发掘可以利用的植物资源为人类造福；科普工作者们致力于知识传播和科学教育。昆明植物园先后被授予"全国科普教育基地""中国科普研学联盟十佳品牌基地""国际杰出茶花园""云南省科学普及教育基地""昆明市极小种群野生植物综合保护精品科普基地"等18个荣誉称号。

昆明植物园已建成16个特色专类园，收集保育植物8800多种。在昆明植物园各色专类园中，你可以领略植物在四季时光交替中绚烂的生命转换；而云南省极小种群野生植物综合保护重点实验室率先在生物多样性保护领域提出"极小种群野生植物"的概念，

引领着全球该领域的研究及保护进程。"扶荔宫"是COP15大会期间，昆明植物园生物多样性体验园的核心展示区，主要包含主体温室、隐花植物馆和草木百兼馆、国内收集保育数量最多的食虫植物馆、自下而上模拟兰科植物野外生境的兰花馆等展馆。其中国内首个植物学范畴的科普场馆——植物科普馆，以及首个以种子为主题的种子博物馆，均从各自角度阐述了植物的起源、进化以及与人类发展的关系，以艺术的形式展示植物与种子科学、文化和生命的内涵，其中蕴藏的秘密等你来解锁。

玩转昆明植物园特色科普活动：昆明植物园继承和发扬老一辈科研工作者扎根边疆、献身科学的精神，倾力形成了"春看山茶，夏观葱花，秋赏枫叶"的经典景观，还开展诸多极具特色的科普活动等你来体验。如科学家能带你一探葱属植物从花开繁育到舌尖味蕾的魅力；在枫香科技街中，与科研工作者一起辗转脑洞市集；暑期"探秘绿色宝藏"用十二时辰亲密接触珍稀濒危植物；诸多科研科普体验活动——从劳动实践、科研探索中深入自然，玩转科学，还有以科学家和科技工作者为主导的 SCA 科普讲坛、食虫植物集市、森林音乐会、艺术展览、咖啡品鉴、郊游野营等多样性、沉浸式体验活动。此外，还可以个性化定制自然体验类、科研探索类、科普互动、讲座等不同类别的活动，带领大家进一步打开和发现绿色宝库，激发青少年朋友的好奇心和想象力，增强科学兴趣、创新意识和创新能力。

105

科普配套服务：为方便自助游览，园区配备各级各类导览牌、解说牌、科普游廊等共700多个，各类互动体验形式可全方位沉浸在科学、立体的植物世界中。如不能到园，你也可以通过微信小程序"昆明植物园智慧导览"（或扫描二维码），实现"中、英文语音讲解+VR"导览，体验植物世界的美好。

温馨提示

⊙ **基地名称：** 中国科学院昆明植物研究所昆明植物园

⊙ **特色亮点：** 以"扶荔宫"温室群为核心展示区的昆明植物园生物多样性体验园，包含 16 个植物主题园，与全球五大洲的 8840 多种代表性植物共同构成了高原上的植物星球，成为珍稀濒危植物的避难所，也是重要植物迁地保护的殿堂和植物自然博物馆

⊙ **位置导航：** 昆明植物园

⊙ **交通路线：**

公交线路一： 可搭乘地铁 2 号线至"龙头街"站，再换乘 79 路或 9 路公交车，直达"植物园北门"站（西园）、"黑龙潭"站（东园）

公交线路二： 可直接乘坐 79 路或 9 路公交车，直达"植物园北门"站（西园）、"黑龙潭"站（东园）

交通路线会随时间发生变化，出行前请查询最新信息

⊙ **参观贴士：**

1. 扶荔宫温室群为重要的国家野生种质资源战略保护基地，如你有参观需求，须用官方微信小程序【昆明植物园智慧园区】提前 1~7 天进行线上预约，可购买讲解服务费，现场由讲解员带领，按预约时间及场次进入参观

2. 请珍惜植物，保护环境，勿触摸、污损、采摘、踩踏、破坏和盗取植物，造成损失要进行赔偿，并依法追究行为人相应法律责任

3. 自驾车辆可停放于昆明植物园北门停车场（西园）、黑龙潭停车场（东园）

走进昆明动物园，
探索自然的灵动与美好

昆明动物园——老百姓也喜欢称其为圆通山，相信很多昆明人对自然与野生动物的最初认识大都源于此。

著名的动物保育人士珍·古道尔曾说过："唯有了解，才会关心；唯有关心，才会行动；唯有行动，才有希望。"作为连接人与自然的桥梁，动物园也是开展野生动物移地保护、科学普及和宣传保护教育的场所，带人们感受自然界的万物有灵且美，共同保护生物多样性。那么大家知道在逛动物园时，怎样了解动物园里的秘密吗？

这里有自然之"眼"。如果说动物园是大多数人接触野生动物的第一个地方，那么展区所传递的信息就是带人们认识自然的一双双"眼睛"。随着社会的发展，研究人员发现，过去传统的展示方式由于没有太多活动空间、无法提供相应遮挡、找不到适当的"玩场"、全天候被游客"盯梢"，会让动物产生窘迫、局促的紧张感，从而催生刻板行为和心理抑郁。因此，基地借助巧妙的展区设计，逐步用模拟野生动物自然生态元素的方式进行展示。动物生活在接近其原生态环境的家园中，人们也可以徜徉在开阔的玻璃幕墙和亲自然栈道间，感受亲近自然的和谐与美好。

走进动物园，你可以寻找在山石间自由攀登的岩羊，透过玻璃分享水獭下水捕鱼或爬上驳岸晒太阳的快乐时光。这样的展区所展示的不仅仅是动物本身，还有它们的生态环境和自然行为，让游客获得"人类、动物、环境"密切关联的综合体验，同时也想传递给游客——保护动物需要以保护它们自然栖息地的途径来实现的理念。

在这里，动物保育员还为"毛孩子"们量身定制了各种"玩具"：小象宝宝推着大铁球玩得不亦乐乎，犀牛在泥坑里安逸地洗着泥浴，小熊猫扬起尾巴在饲养员搭建的爬架上穿行……这些都叫作"丰容"[①]——为了让园内野生动物的生活更为丰富，更多地展示出它们的天性，动物园会根据各类动物的习性，搭建起属于它们的栖息乐园。

[①]动物园术语。丰容是基于动物行为生物学及其自然习性的研究，改善圈养动物生活环境和条件的动态过程。改善生活环境的目的在于增加动物行为选择机会、诱导该物种自然行为的产生，从而提高动物福利。（参考张恩权、李晓阳《图解动物园设计》）

通过丰容，游客将有更多机会欣赏到野生动物的自然行为。你可以寻找正在站岗的"小哨兵"细尾獴，观察衔草做窝准备孵蛋的黑天鹅，看亚洲象在活动场扬起红土洗个沙浴，甚至会发现饲养员把食物藏进了树洞，觅食的棕熊正在仔细寻找……这些有趣的参观体验让动物展示出它们的野性之美，也在无声地讲述着自然的故事，拉近了人们与自然的距离。参观时，不妨带着你的好奇心细细观察饲养员的小用心，就会发现动物们想藏也藏不住的小秘密。

其实，大家不仅对动物们好奇心爆棚，也对动物园里的工作充满了兴趣：天上飞的、地上走的、水里游的动物都有什么样的行为特征？饲养员每天给各种动物准备了什么食物？为什么有的动物会被列为濒危物种？这些小问题，除通过展区传递的信息和科普展示牌进行了解外，你还可以参加科普讲解和保护教育活动进行深入探索。

听一场饲养员或志愿者的讲解，你会发现很多平日没留意到的动物故事，感受自然的奥秘。参加一场研学活动，你可以化身小饲养员给大象制作一个水果蛋糕，或是作为观察员深入了解白犀牛的一天，当然还可以到长颈鹿家探访"世纪大长腿"的秘密……有趣的活动背后，我们希望大家保持孩童般的好奇心，了解自然，探索自然，保护生物多样性。也许，参加活动的孩子们，就这样在心中种下了小小的种子，在未来的某天成为动物学家或环保人士。

昆明动物园是野生动物栖息的乐园，这里每天都发生着不一样的故事。品尝早餐细嚼慢咽的动物、午后打盹香甜沉睡的动物、刚出生不久萌萌的动物、跳跃奔跑野性十足的动物……所有的这些都是自然的一扇窗口，是生命流动的故事，是城市的一张生态名片。

这里是城市里的一片绿洲，有云南省非物质文化遗产"圆通樱潮"，每年3月，上千株云南樱花、垂丝海棠竞相开放，灿若云霞，绽放出花海人潮的春光，成为全国十大赏樱胜地之一。这里有时光的积淀，有600多年的明代老城墙，与唐继尧墓、抗战纪念碑、石牌坊和九座风格各异的亭阁一起，细数着圆通山上的四季风景，时令变换。

快和我们一起走进昆明动物园，
探索动物王国的奥秘，
感受自然的灵动与美好吧！

温馨提示

● **基地名称：** 昆明动物园

● **特色亮点：** 饲养、展出国内外珍稀野生动物 200 余种，其中亚洲象、滇金丝猴、长臂猿等本土物种的展示极具云南地方特色，在国内动物园中独具一格。"圆通樱潮"被列入省、市级非物质文化遗产，每年 3 月灿若云霞，蔚为壮观。园内有唐继尧墓、明代城墙残段、三石牌坊、陆军第八军滇西战役阵亡将士纪念碑、戴安澜纪念碑等省、市、区级文物保护单位及风格各异的亭阁九座。感受亲近自然的美好，尽在昆明动物园

● **位置导航：** 昆明市青年路 92 号

● **交通路线：** 地处市区，交通便利。可自驾直达，车辆停放在东门或北门停车场。市内可乘坐4路、59路、74 路、83 路、85 路、100 路、101 路、129 路、234路、A2路等公交车前往；也可乘坐地铁2号线、4号线、5号线前往
交通路线会随时间发生变化，出行前请查询最新信息

● **参观贴士：**
1. 关注"昆明动物园"微信公众号，及时了解园区动态和最新活动信息
2. 节假日期间请尽量选择公共交通前往，绿色出行
3. 请与野生动物保持距离，不要惊扰动物，在欣赏野性之美的同时，别忘了保持对自然的敬畏
4. 园内动物都有量身定制的营养配餐，请不要投喂动物，看似不多的投喂，累加起来就是对动物不可负担的严重伤害

看见云南，看见自然，走近我们的朋友
——云南野生动物园

云南地处祖国西南边陲，自然条件的复杂性和生态环境的多样性孕育了云南生物的多样性。独特的地理和气候环境供养了种类繁多的野生动物在此栖息，有些物种国内仅分布于云南。

高黎贡白眉长臂猿、双角犀鸟就是其中比较有代表性的物种。它们在云南也仅分布于气候条件湿热的部分地区，甚至绝大部分人都未曾见过它们的身影，更不知道它们所面临的生存挑战。

云南野生动物园是西南地区最大的山地动物园，是集旅游观光、物种繁育、科普教育于一体的综合性场所，为大众提供了近距离观看、了解野生动物的平台。

云南野生动物园珍稀动物区是面向公众展示云南本土物种生活环境、动物行为、动物保护的科普区。我们通过改进动物的生活区，还原动物的野外生境、取食方式，来展现它们野生状态下的生活；通过展示物种的丰富度，还原省内不同区域气候类型下珍贵的野生动物资源；通过科普长廊展示人类的行为对它们造成的伤害，倡导以实际行动去保护它们。

这里生活着亚洲黑熊、马来熊、猕猴、高黎贡白眉长臂猿、北白颊长臂猿、双角犀鸟、花冠皱盔犀鸟、红腹锦鸡、小熊猫等云南本土物种。它们在云南承担了宣传种群栖息地保护、生态圈保护的重任。我们可以通过它们的故事介绍牌走进它们的生活。

在这里，可以来一个角色转换，从参观者变身饲养员，通过一天的饲养员体验，去亲近和了解动物们的生活习性。

进行饲养员体验，第一关就是要克服心理障碍，要去直面动物们私下的生活。清理卫生是每天必须要做的事情，动物的排泄物、食物残渣不处理，会造成细菌滋生，对动物健康造成危害，所以我们得化身保洁员，把动物的生活区清理干净，并且对场域进行消毒杀菌，给予动物一个干净舒适的环境。在野外观察中，动物粪便还是获取信息的重要途径，能够帮助我们快速掌握动物的健康情况、食物构成、活动轨迹等信息。第二关，是去了解它们的食谱构成，它们的身体都需要什么样的营养元素及哪些食物的摄入能满足这些需求、每天要吃多少，这也是一门学问。直观了解这些知识后，我们对于栖息地建设、生境修复就会有一个全面的概念。

在这里，我可以是一名保护区规划者。

高黎贡白眉长臂猿、马来熊和双角犀鸟都生活在树木高大茂密的热带雨林地区。动物园为了让大众更加直观地看到它们的栖息环境和在野外的行为，将双角犀鸟的生活区依靠树木而建，马来熊的生活区内同样准备了攀爬物及树洞空间，让马来熊可以自由伸展身躯。结合饲养员的体验，我们将物种栖息地搬到了小小的沙盘和纸张之中，通过自然笔记去记录、去设计，通过多次讨论后，将自己心中最合理、最完美的物种栖息地呈现出来，并向他人介绍，获得肯定。虽然保护栖息地任重而道远，但是通过自己的设计和展现，从此在心中埋下一颗自然的种子，经过我们的努力，种子终将生根发芽。

在这里，我和野生动物做朋友，站在朋友的角度去认识它们，用动物的方式去探索动物本身。

聪明的猩猩会借助外物获取可口的食物。例如，利用鲜嫩的树枝伸进蚂蚁窝，就可以吸引蚂蚁顺着树枝爬出巢穴，猩猩就会获得可口的食物。我们现场体验这一项技术，能看看能不能成功地把蚂蚁引出洞穴。其实我们从中可以看到食物链的重要性，我们把一些不喜欢的物种破坏后，与该物种关联的其他物种也会受到影响。

在这里，我也是一名科普志愿者，愿通过我所学及我的热爱向更多的人宣传生物多样性保护的知识，做一名知识的传播者，以点铺面。

高黎贡白眉长臂猿的家在滇西的高黎贡山，它们是自由的，也是孤独的，生活在这里的高黎贡白眉长臂猿（或天行长臂猿）种群数量不足150只。随着人类的破坏，它们不得不向更加远离人类生产生活的区域迁移，栖息地丧失、种群破碎化，迁出的长臂猿很难形成新的家庭群，限制了种群的扩大。群体间距离远，致使基因交流也受到阻隔，造成后代生存力减弱、繁殖能力降低。加上长臂猿本身繁殖率低，7~8年才成年，每胎一般只生一只，间隔3~5年才繁殖第二胎，顺利的话，一对长臂猿夫妇也只能在有限时间内繁殖3~4胎。此外，非法偷猎也是导致我国长臂猿致危的重要因素。它们优美的歌声和荡漾的身姿不应该在森林中消失，所以需要更多的人去保护它们，从保护环境和森林做起。

　　看见自然、看见云南，让我们以创造性、娱乐性、保护性、体验式教育性的品牌持续输出力，为云南本土物种保护、生物多样性保护作出贡献。以动物为核心，重新建立人类与自然的连接，重新回归自然，绿水青山就是金山银山！

　　最后，让我告诉你我们的入园参观信息吧！

温馨提示

◎ **基地名称**：云南野生动物园

◎ **交通路线**：昆明市内乘坐249路、150路、235路、241路公交车在"云南野生动物园"站下车即到

交通路线会随时间发生变化，出行前请查询最新信息

❗ **参观贴士**：全年周一至周日09:00—18:00开放，16:30游客停止入园；全价门票100元/人，儿童优惠票70元/人

奇妙科普研学之旅
——昆明金殿名胜区

茶花在中国的栽培历史可追溯到蜀汉时期,当时人们就给了茶花很高的地位,茶花被列为"七品三命"。来云南,必须来看八大名花之首——山茶。1983年,茶花被定为昆明市市花。云南省内古茶花树众多,树龄有数百年、千年者非常常见,且多是红茶花。如著名的古树一品红、红玛瑙茶、红宝珠、珍珠红、千叶红等。也有其他颜色的茶花,其中最为奇特的是,楚雄紫溪山有一棵山茶树竟开出不同颜色的茶花,引来多方游客前来观赏。位于昆明东北郊鸣凤山的昆明金殿名胜区拥有全国最大的茶花园,它到底有多大呢?又有哪些名品呢?那就一起去看看吧!

金殿的茶花专类园集茶花种植、展示、繁殖、观赏、科研于一体,1000余亩("亩"为非法定计量单位,1亩≈666.67平方米,全书同)茶花生长在茂密的油杉林中,光线柔和、空气湿润的自然环境,成为世界上少有的茶花种植宝地,无论面积、茶花数量、品种、原生种、自主培育品种还是园区功能分区方面都令人称叹。其中茶花品种1200余个,不同规格的地栽茶花40多万株,其他地方有的茶花品种,在金殿都能看到。从2012年开始,这里培育出17个新品种,为世界山茶属植物种质资源库再添新成员。金殿山茶花专类园在世界山茶栽培园林中熠熠生辉,2016年被国际山茶花协会评为"国际杰出茶花园"。每年冬春之际,鸣凤山灿若云霞,山茶争艳,红遍山里山外,金殿都要举办山茶花展,迄今已延续近40年,成为昆明最具代表性的花卉与民俗相结合的自然人文盛会。人们不仅可以赏花看展,还有围绕山茶植物文化与历史传说等创作的"鹦鹉春深""魁星点斗""鸣凤山茶"等多个系列的文创周边产品可赏玩,胸针、手镯、茶筒、挂坠、笔袋……精致化、生活化、兼具观赏性和实用性的山茶花艺术品进入了民众的生活中。

而有趣的是，金殿不单单拥有"国际杰出茶花园"的美誉，还是昆明市园林植物园所在地。杜鹃园、珍稀濒危植物园、新西兰普利茅斯园、裸子植物区、温室区、木兰园等12个专类植物园区引种园林植物2000余种，实乃昆明地区首屈一指的园林植物种质资源库，四季季相精彩纷呈。除早春的鸣钟赏花、祈福新年外，还有众多名木可赏，有种植于明朝的紫薇、云南省内最大的栓皮栎以及昆明城区规模最大、保存最完整的乡土树种云南油杉群。近1万株古树及古树后续资源，使得景区林莽森森，环境幽邃。昆明金殿名胜区也因人文历史悠久、自然景观独特蜚声海内外，成为首批国家AAAA级旅游景区，被誉为"滇中第一名胜"。

在这里，有一个引人注目的"外星"植物展馆，在大片仙人掌"林"中，一个个圆滚滚的球体格外吸引大家的目光，它就是金琥。原产自墨西哥炎热干燥的沙漠地区的野生金琥可是极度濒危的稀有植物；而景区中心温室里的50多种观叶植物五彩斑斓，令人眼花缭乱。肾蕨，肾蕨科肾蕨属多年生草本植物，墨绿色细长的叶片，背面整整齐齐的，布满了长圆形的小点，那是它的孢子体。彩叶凤梨不会生长出凤梨果实，但会开出非常美丽的花朵。矾根，又名珊瑚铃，喜半阴，耐全光，最与众不同的是叶片的色彩，有的品种叶片背面的色彩相当艳丽，而在不同季节、环境和温度下，叶片的颜色会呈现出多样的色泽。这里的植物多得不胜枚举。

除了多样、奇特、古老的植物，金殿还是历史文化底蕴厚重的名胜。在这里，还保留有国内最大、最完整、最精美的古代铜铸建筑——太和宫铜殿。明万历铜钟、庾恩旸墓、铜殿附属的明清古建筑群等市、区级文保单位分布于景区各隅。其中太和宫铜殿属于道教太和宫的一部分，始建于明代（1602年），是中国四大铜殿之一，且保存最完好。金殿即真武殿，殿柱、门、檐、屋顶等全由铜铸成，高6.7米，宽、深各7.8米，净重250吨，重檐歇山仿木殿阁，气势非凡，熠熠生辉，明亮耀眼，故名金殿，又称为铜瓦寺，体现了300年前云南冶铜的高超技术。殿旁悬挂有铜制七星旗，把金殿点缀得更加

古朴庄严。金殿文物展室内陈列有明永乐二十一年（1423年）铸的铜钟和吴三桂使用过的战刀。金殿及其金石铭文有重要历史、艺术、科学价值，现为全国重点文物保护单位。金殿东南有一座"明钟楼"，楼为三层，有36戗角，琉璃宝顶，高约30米。金殿三楼悬一大口铜钟，高2.1米，口径周长6.7米，壁厚15厘米，重14吨。钟上铸有"大明永乐二十一年岁在癸卯仲春吉日造"等字样，为研究云南省明清以来的冶金铸造技术和云南清代木结构建筑的造型及装饰，提供了重要的实物资料。

在这里，还有各类生动有趣的课程等着你。昆明金殿名胜区以"古典园囿里的原乡历史文化·园林科学艺术"为主线，开发设计了中国及云南地区古建筑系列课程、云南青铜器文化系列课程、中国及云南寺观园林文化系列课程、云南及昆明地区非物质文化遗产系列课程、中国植物文化、乡土植物系列课程等8个系列科普研学项目，常年为7～12岁学生在园区开展课外科普研学实践活动。近5年已开展168场（次）科普活动，服务受众13.2万人次，因特色突出、生动有趣，深受学生和家长的青睐及好评。

  2021年，昆明金殿名胜区编写了《古苑囿里的奇妙研学之旅》并公开出版。此书站在孩子的视角，用孩子的语言，用独立、温暖、可爱、有趣的绘画方式，将金殿所承载的主要民俗节庆文化、历史人文信息、自然科学趣事囊括其中并表达出来，让孩子以一斑窥全豹，从了解金殿这个古苑囿开始，提升对原乡历史文化、园林科学的兴趣，进而获得历史责任感、文化归属感，让孩子足不出户就能看清金殿的"里里外外"。

温馨提示

- **基地名称：** 昆明金殿名胜区
- **特色亮点：** 园林植物园、中国最大的铜殿、中国最小的紫禁城墙
- **位置导航：** 金殿北门（人/车通行）、金殿西门（仅人行）
- **交通路线：** ①可乘坐57路、71路、10路、146路、147路、235路、69路、47路、Z146路、Z150路、Z158路公交车至"金殿车场"下车；②可自驾车从金殿北门入园 交通路线会随时间发生变化，出行前请查询最新信息
- **参观贴士：** 7:30—18:00（全年免费开放）

走进凤龙湾,聆听历史车轮的回响
——凤龙湾童话镇人文自然教育科普基地

在距离在建渝昆高铁寻甸七星站3千米处的凤龙湾童话镇,2.2平方千米的凤龙湾水库与叙昆米轨、贵昆准轨、三桥同心等遗址资源,共同形成了山-湖-河流-森林-白鹭栖息地-田园风光-童话建筑风貌融于一体的景观格局,呈现出"森林绿草云雾散,千顷江河白鹭飞"的绝妙景象。

在这里,基地紧扣"生态·童话"定位,发展以"生态廊道环境保护"为主的生态保育形式、"一镇带三村"的产业培育方式,优化形貌,活化资源,丰富业态,构筑白鹭栖息生态廊道,打造生态童话世界,并讲好生物与生物、生物与环境、生物与人之间的生态童话故事,实现生态文化产业高度融合。这里准轨、米轨、寸轨三轨并存,见证了不同时代的铁路发展历程。

清光绪三十一年（1905年），云南士绅奏请自办滇蜀铁路，同年4月成立滇蜀铁路公司，1917年公司宣告结束。其间仅在宣统二年（1910年）聘请美籍工程师多莱（Dawly）完成昆明经德泽、昭通、高桥、大湾子至宜宾的初测，并未兴工。所筹资金，除归还个碧石铁路公司锡、砂股本100万两白银外，其余全部耗尽。从1910年初测到1944年6月1日铺轨到沾益，累计正线铺轨173.4千米，过去了34年。但其建设期间就已经不辱使命地完成了大量运输任务，仅1943年至1945年昆明曲靖段累计完成旅客周转量2.53亿人千米，货物周转量6560万吨千米，运送士兵46万人次，开行军车807列次。

叙昆铁路修建历史

1960年3月1日，准轨贵昆铁路由昆明东站向贵阳方向铺轨，同年年底铺到吴官田，1961年6月27日铺轨到沾益。由于准、米轨铁路多处平交，运输互相干扰，铁道部决定撤除米轨铁路。1963年7月，小新街工务段成立拆轨队，承担线路上部建筑拆除任务。1963年7月10日，由沾益向昆明方向拆轨，凤龙湾境内的铁路被保留下来，成为今天凤龙湾童话镇浪漫火车线路的一部分。

准轨铁路由贵昆铁路改造而来，1958年8月展开施工，1966年3月在观音岩大桥接轨通车，1966年7月1日交成都、昆明铁路局接管，1970年12月交付运营。贵昆铁路对发展国民经济，开发贵州省煤炭工业、云南省有色金属工业和森林、水力资源，加快西南地区社会主义建设，加强民族团结，巩固国防具有重要意义。

2011年6月29日，由中国铁建二十二集团公司承担的国家重点工程贵昆铁路六(盘水)沾(益)复线全线控制工期的长大隧道之一的乌蒙山1号隧道全线顺利贯通。2012年12月6日凌晨，新建六沾复线在背开柱拨接，原线切断。至此，这条蜿蜒在西南崇山峻岭的铁路线，在运行半个多世纪后，退出了历史舞台。

126

寸轨也被称为小铁路。凤龙湾童话镇寸轨铁路是为建浪漫火车线路而专门铺就的。追求便捷先进的生活，固然是历史的必然，但人们心底的记忆不该被割断，远去的笛声还在耳边，这段被小镇复活的三轨铁路，不仅回响着铁路工业的文明，也连通着人们心底的记忆。

除了三轨并存之外，这里还有"三桥同心"的历史见证。马过河水域面积大，主流、支流多而交错，从古至今修建了20多座结构不同、大小各异的桥梁，其中河边村附近100米范围内就有3座桥，分别是叙昆铁路桥、虎渡桥和连心桥，这就是著名的"三桥同心"历史景观。

叙昆铁路桥也叫米轨铁路桥，在修建土官庄至马过河K99+100三支龙附近时，因抗战军需急于通车，展线绕过大桥，在沟口修建3孔长6米、高12米的拱桥。联拱桥结构坚固，造型优美，在历史洪流的洗刷下，不仅没有被摧毁，反而沉淀下丰富的文化底蕴和历史价值。现存的马过河叙昆铁路桥，不仅是曲靖市马龙区最早的过境铁路和铁路桥，也是云南铁路史上的宝贵遗存和见证。

虎渡桥桥体结构为三孔石拱桥，中间桥孔跨距最大，两边小拱对称分布，桥面略带弧拱形，全长约40米，宽约3米，全石砌筑。该桥始建于清乾隆四十六年（1781年），至今有240多年的历史，桥墩和桥身的石缝中长满了灌丛植物，桥面大青石已为车、马、人踏而留下许多痕迹，苍古之态显露。

最后一座连心桥，建于2004年，是这三座桥中最年轻的一座。全桥只有一个大拱，大拱两肩上各有两个小拱。这种结构既节约了材料，又能在河水暴涨的汛期增加过水量，降低桥损风险，同时拱上加拱也使得桥身更加灵动美观。

在三座桥附近，还有抗日战争时期飞虎队遗留下的战壕、战备物资中转站等遗迹。为缅怀那段战火纷飞、战机轰鸣的历史，凤龙湾童话镇利用现代声、光、电等科技手段，再现飞虎队在抗战期间的各种英勇事迹和生活场景，与你一起重温与飞虎队相关的记忆，聆听历史车轮的回响。

这里，生物多样性和文化交流多样性在山水之间丰饶生长。乘坐小火车徜徉在"以山为凤、以水为龙"的凤龙湾，凤龙湾的童话还在继续，它将把贮存了"美、梦想、奇迹"的火种传递下去。或许它本身也是一部童话，我们将它献给儿童和家庭，也献给所有成年人。

> **温馨提示**
>
> ◉ **基地名称：** 凤龙湾童话镇人文自然教育科普基地
>
> ◉ **特色亮点：** 基地紧扣"生态·童话"发展定位，形成山 – 湖 – 河流 – 森林 – 白鹭栖息 – 田园风光 – 童话建筑风貌融于一体的景观格局
>
> ◉ **位置导航：** 基地位于云南省昆明市寻甸回族彝族自治县塘子街道坝者村委会大坝者村（凤龙湾国际旅游度假区内）；导航目的地设置为"凤龙湾国际旅游度假区"或"凤龙湾童话镇"均可
>
> ◉ **交通路线：** 从昆明出发，通过昆明北收费站，经 G56 杭瑞高速到达易隆收费站后，根据路牌指示沿 320 国道前行至阴地咀，再沿路标指示转入易白公路，继续行驶约 5 千米即可到达凤龙湾童话镇人文自然教育科普基地
>
> ◉ **参观贴士：** 基地开放时间为 9:00—18:00

不负好时光，来百草园呼吸自由空气
——云南利鲁环境建设有限公司百草园科普基地

约上许久没见的好友或陪伴家人，来百草园一起赏园中的水、树、花、草，再品尝暖意融融的食物，让身心都放松下来，偷得浮生半日闲，在百草园尽情享受这久违的人世间的安静和远意吧！

  基地位于滇中产业新区，占地面积33万多平方米，园区距昆明主城约37千米。这里汇集了云南省水土保持经验和科研成果，特色鲜明。拥有现代声、光、电技术的水土保持科普体验馆和秉承传统中国文化的云南滇南本草植物博物馆，两座风格迥异的专业博物馆形成了独一无二的"一园两馆"文化体系，成为云南省水土保持科普教育与建设生态云南、魅力云南的重要宣传窗口。自2012年开园以来，以多种形式向广大青少年普及植物、水土保持科普知识。2012年被命名为"云南省科学普及教育基地"，2020年被命名为"昆明市环境教育基地"，2021年被命名为"国家水土保持科技示范园"，2022年被命名为"全国水情教育基地"。

  这里鸟语花香，千树林立，空气清新，宁静惬意，是城市中的绿洲，是孩子们亲近自然的课外学堂，也是市民们放松身心的好去处。

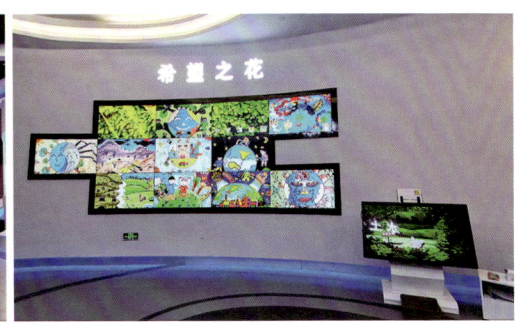

这里是集科普教育、科技示范、试验研究、技术交流于一体的示范平台和室外课堂。

云南是中国植物种类最多的省份，有已知高等植物19333种（约占全国的50.1%），其中中国特有高等植物8772种；国家重点保护植物86科540种（占全国的48.1%），一级保护野生植物57种，二级保护野生植物483种，极小种群野生植物共计101种。富宁金茶花、云南杓兰、灰干苏铁等211种植物为云南特有或仅在云南分布。只有理解植物、热爱植物，才会有保护植物的强大动力。这里，在传承云南丰富的植物文化的同时，也为你打开一扇通往植物世界的大门，更期待着你来探索更多植物的故事……蓝藻，为植物世界打开大门；苔藓，陆地上最早的拓荒者之一；蕨类植物，最早站起来的植物水杉，较早出现的种子植物；辽宁古果，最早的有花植物。植物天堂滋养了众多的生命，为人类文明的诞生编织了摇篮。

这里充分利用土地优势，展示以植物生境为主题的专类植物景观。按照植物生境，选择能在该生境条件下生长的相关植物进行植物景观设计，形成这一生境的独特景观。它除了让人们观赏和了解各种类型的生境景观，还能通过对某些特殊生境的美化和改造提升，在满足人们观赏的同时，起到保护环境的作用。

这里的植物博物馆按照"馆、圃、园"一体的建设模式,将室内展览与户外植物多样性种植有机结合在一起,具备收藏与储存、展览与教育、研究与交流、带动与示范等功能,使博物馆成为一座"活的植物博物馆",为大众呈现一座看得见、可触摸的"植物王国"。

展示区对云南道地药材、兰茂与《滇南本草》、《滇南本草》相关历史物件、云南高原特色草类植物标本、植物学基础知识科普、植物研究历史关键人物事件梳理、中国花卉文化发展史和成就、东西方插花艺术介绍及十二花神、植物应用的领域、传统植物应用场景复原、云南省生物物种红色名录分

133

别进行了展示。既传播了植物知识与文化，也通过对传统植物的应用之道进行追溯，帮助现代人传承古人的智慧与健康的生活方式，同时传达植物在人类社会发展过程中所扮演的重要角色。

体验区包含植物拓染、功能香囊制作、中国传统插花。通过亲身体验，你可以了解植物的特性，认识植物对人类生活的重要性。展览呈现的是植物世界的壮美和神奇，释放万物平等的情怀，更将人类命运与植物相连，在千年文明的回望中，体味植物的力量！而在手作体验中，则是与植物对话，去探知手工美学、劳作伦理、自然造化及自我关照的整个过程。"以万物为师，与自然为友"，当孩子们身处其中，才能体会到这所学校花园的神奇魅力。

作为全国63家水情教育基地之一的百草园水土保持科普体验馆通过先进的数字体验手段，利用现代数字媒介逼真演示水土流失过程、危害及水土保持治理的成功范例，包括互动电子书、水保百科、数字水保、彩云水保、时光隧道、魔幻水保等项目；馆外展示边坡陡槽设施、边坡防护措施展示区、水土流失演示设施等；真实模拟自然界各级大风和降雨强度，临场体验震撼人心，5D影院体验水土流失灾害发生时的惨烈场面，警示观众在自然灾害面前人类是多么不堪一击，破坏自然等于自取灭亡。这是一座集科普教育、互动体验等多功能于一体的综合性科普馆。

无论是"一花一世界"的主客凝视，还是"一枝一叶总关情"的情感投射，人们在植物身上发现自我、审视自我、超越自我。在这里，除观花赏叶、一起解开生物多样性的奥妙外，还能了解水土保持的基础知识和有关法律法规，瑰丽的云南水保特色，直观展示水土保持治理措施，感受生态环境的沧桑巨变。如果不能追求远方的风景，就让我们带你探索和了解云南的草本植物，以及它们背后的故事，希望你能在这里有一段不一样的旅程。

温馨提示

◎ **基地名称：** 云南利鲁环境建设有限公司百草园科普基地

◎ **位置导航：** 云南省昆明市官渡区大板桥街道办事处小哨社区百草园

◎ **交通路线：** 自驾车导航至百草庄园

❗ **参观贴士：**

门票价格：免费

开放时间：9:00—17:30，每周一闭馆

百草园打卡点：云南滇南本草植物博物馆、百草园水土保持科普体验馆

科普研学体验课程亮点：植物拓染、香囊制作、中国传统插花、风雨雷电体验、5D电影院体验、植物识别等

公众号：百草庄园

东方侏罗纪 世界恐龙谷
——世界恐龙谷旅游区

楚雄禄丰因恐龙而闻名世界，禄丰恐龙曾两度在世界上引发震撼：第一次是在战火纷飞的1938年，中国古生物学奠基人、中国"恐龙研究之父"杨钟健先生和他的学生在禄丰境内发掘出了中国第一具完整的恐龙化石标本——许氏禄丰龙（目前收藏在中科院古生物与古脊椎动物研究所古动物馆内），在世界上引起轰动，禄丰就此被誉为"中国恐龙原乡"；第二次是在1995年，还是在这里，发现了一处掩埋有几百具恐龙化石的恐龙大坟场而再次震撼世界！禄丰成为名副其实的"世界恐龙之乡"！

如果再度回到侏罗纪，和恐龙这样的庞然大物共生，会是怎样的一种体验？而那个时代，究竟发生了什么而让它们走向死亡？在位于楚雄州禄丰市以南23千米处川街乡阿纳村恐龙山，就有一个神秘的恐龙王国，能满足你关于这种"恐怖的大蜥蜴"的联想与好奇。这里，以中国禄丰恐龙国家地质公园的恐龙化石资源为依托，兴建起一座集遗址保护、科考与科普、观光游览、休闲娱乐于一体的，充满科普性、参与性、知识性、趣味性、高科技、原生态的旅游主题公园。这里占地面积共3.6平方千米，也被称为"东方的侏罗纪公园"。

1995年，在川街恐龙山，一位青年农民用锄头锄出了一个迄今为止世界上最大的中侏罗纪晚期恐龙大遗址，一个曾在1.6亿年前真实存在的"侏罗纪世界"！

"恐龙大遗址"可以说是景区的"心脏"，是一座集遗址保护、科研交流、科普教育、游览观光等多项功能于一体的综合性自然遗址保护建筑，近1万平方米的框架式原址保护大厅里展示出极具震撼力的三大景观：一是世界上最大的室内恐龙化石保护遗址，展示着1.6亿年前的中侏罗纪晚期的恐龙掩埋及发掘原址现场；二是世界上规模最大的恐龙化石标本装架展示厅；三是世界一流的恐龙化石标本精品展示区！

作为镇馆之宝的"许氏禄丰龙",是我国发现最早的一种原蜥脚类植食性恐龙。它长约6米,站起来身高超过2米,1939年出土于云南省禄丰县沙湾东山坡,杨钟健院士以恩师姓氏将其命名为许氏禄丰龙。因其是由中国人自己发掘、研究、装架的第一条恐龙,化石完整度高达98%,又被称为"中华第一龙"。

1958年,中国邮政总局发行了一套古生物纪念邮票,分别是古生代的三叶虫、中生代的许氏禄丰龙和新生代的肿骨鹿化石的素描像。其中中生代的许氏禄丰龙邮票亦是全世界发行的第一枚恐龙邮票,一经亮相,就震惊华夏,扬名海外。

在近1万平方米的恐龙大遗址保护厅内,原址保护展出了长达130米、宽40多米、面积5200多平方米,埋藏着1995年发现的400余具、已揭露可辨认个体多达30余具恐龙化石的地质剖面,是中国禄丰恐龙国家地质公园的核心保护区。1997年10月至1999年10月,中美两国古生物工作者在这里进行了两期5次发掘,共挖探坑2个,发掘面积512平方米,出土了完整程度不一的恐龙化石12具和5个蛇颈龟化石及鱼鳞、鱼骨、螺、介形类、双壳类等化石若干,被命名为"川街恐龙动物群"。

  2002年，为了验证这一恐龙墓地埋藏恐龙骨骼的数量，工作人员在西侧开挖了一个120多平方米的探坑，最后确定，在未挖掘的剖面下还掩埋着400多具恐龙和其他伴生物化石，并有望发现剑龙类、小型鸟脚类和其他门类的化石。由此可见，这是目前世界上规模最大的、保存最完整的中侏罗纪晚期恐龙大遗址，展示了川街恐龙动物群"四大世界奇观""三项世界级别""一大奥秘"。

四大世界奇观

一是龙、龟同生一处、同死一穴的情形应是世界恐龙发掘史上的一大奇迹；二是在一体长18米的植食恐龙身体下，还压着一条长7米的肉食性恐龙，两条不同种的恐龙同眠一处的情况也是极为罕见的；三是在此曾发掘了中国恐龙发掘史上最长的恐龙，也是曾经的亚洲之最；四是在发掘出的12具恐龙中有11具是巨型的蜥脚类恐龙，这种巨型川街龙拥有为捋食高树冠枝叶而生的颀长的脖子，有的脖子长度已经超过体长的一半。

一大奥秘

科学家曾用等离子发射光谱对川街恐龙化石进行测试，发现其中镧、钇、镱、锶元素含量特别高，说明恐龙的死亡与当时的生态环境有着密不可分的关系。根据埋藏学分析，这些动物死后曾经遭到过搬运，堆积在河湖的漫滩中，但搬动的距离不远，埋藏的方向和密度很有规则，墓地化石保存相当完好，也比较集中。显然这是一次集体死亡事件，但死亡原因仍然有待破解。

三项世界级别

一是经中外专家鉴定，这是一个规模巨大的超大型恐龙墓地；二是根据出土的恐龙化石情况和岩层倾角判断，这里的恐龙化石保存数量和质量，都超过美国犹他州"美国恐龙纪念地"的恐龙而成为世界第一；三是川街恐龙生存在侏罗纪的中至晚期，在同一地点、同一地层系统的上下层中发现两个不同层位的恐龙化石群，目前在全世界仅此一地。

解读地球生灵的兴衰演化

共享留存地球的亿万年

这里重现了一个失落的侏罗纪时代

这里也成为研究爬行动物特别是原蜥脚类恐龙的早期演化

以及哺乳动物的起源的重要地点

畅游恐龙曾经的乐园
与它们进行一次零距离的对话
世界恐龙谷欢迎你！

温馨提示

- **基地名称**：世界恐龙谷旅游区
- **特色亮点**：世界恐龙谷旅游区是一处依托中国禄丰世界级恐龙大遗址而营造的国内最大的恐龙文化主题公园，拥有世界第一的中侏罗纪晚期恐龙化石大遗址、世界上规模最大的恐龙化石标本装架展示、世界一流的恐龙化石标本精品展示
- **位置导航**：地处云南省楚雄彝族自治州禄丰市境内，距昆明市区 78 千米，距楚雄市区 60 千米，全程高速，是"昆楚大丽"（昆明、楚雄、大理、丽江）黄金旅游线的第一站。昆明西（碧鸡关高速收费口）出，安楚高速 60 千米处，从"世界恐龙谷"专用高速出口下高速路即达景区
- **交通路线**：①自驾出行，导航搜索"世界恐龙谷"驱车到达目的地即可；②高铁出行，在火车站乘坐至禄丰的动车，到达禄丰南站后再前往禄丰客运站乘坐"禄丰—恐龙谷"公交车，在恐龙谷下车即可
- **参观贴士**：由于展馆内进行化石保护，光线较暗，游览时请注意安全，参观化石时请勿随意触摸；由于本地气温偏高，紫外线较强，出游请提前准备防晒、解暑装备及用品

在石漠上造就"水木清华"
——弥勒太平湖森林小镇人文自然科普基地

七彩云南的滇南福地——红河州弥勒市的太平水库,距城区直线距离9千米,占地8.67平方千米,无边的花海与大地艺术令人惊艳!谁能想象这个区域曾经土地贫瘠,坡度大、水土流失、石漠化严重,环境十分恶劣。石漠化最典型的特征是缺水、少土、多石。太平湖位于滇南地区喀斯特断陷盆地石漠化区。经过"人增—耕进—林草退—石漠化"的持续变迁,这个区域的潜在石漠化进一步恶化。

如今,弥勒太平湖森林小镇人文自然科普基地通过地形整理、土壤改良、因地制宜发展花卉苗木及绿色蔬菜产业,进行生态修复和石漠化治理,利用科学系统的防治技术,恢复太平湖全新的自然生态,打造山水林田湖草沙生命共同体,也是一个生态治理景观艺术的样板区。

在这里,有1千余亩的四季花海,任何时候都可以看到漫山遍野盛开的鲜花,三角梅、美女樱和木春菊、紫柳等,遍地的绿植和在那山坡山地上鹅卵石间隙种植的仙人掌、龙舌兰类植物造型各异,形成奇妙的景观。这里,春天有繁花烂漫,夏天有绿盖如荫,秋天有斑斓红叶,冬天有苍黄褐色,难以尽诉。

在这里，站在观景台，山间占地面积3万多平方米的"太平公主"大地艺术映入眼帘。这幅作品是美国大地艺术家斯坦·赫德先生的亚洲首秀，也是他在世界范围内首次制作的永久性画作及斜坡式画作。艺术家以大地为画布，利用土壤、砖块、植物和有机覆盖物，利用自然颜色及地形的高低变化创作而成。"太平公主"是以彝族女性的形象来塑造的，她的身上满是少数民族文化元素，有代表云南的山茶花、代表女性的鸾鸣凤舞；耳环为中国古代铜钱，取天圆地方、吉祥之意；衣领上的图案为云南斑纹龟，寓意着中国人民对古老文化的传承与发扬；服饰上的仙鹤则寓意着长寿与健康；项链中的"和"代表人与自然和谐发展。

太平湖山地石漠化公园以科普石漠化知识为主题，由室内展厅和室外体验基地组成，室内展厅面积为324平方米，室外体验基地面积约为8.5万平方

144

米。展区分为山地石漠化展厅、原貌展示区、生态重建区、未来展望区4个区域，全方位、多层次地还原了太平湖石漠化原生态地貌及治理过程。从了解石漠化的成因开始，认识石漠化地区的植物及生态，通过观察沙生植物的外形及生长环境，了解气候、土壤对沙生植物的影响，到如何治理石漠化以及生态恢复的全过程展现，让观者体会到什么是"破坏容易修复难"，让公众了解石漠化、走进石漠化，进而关注太平湖的生态文明建设。

而今，各种各样的沙生植物遍布两个小山头。各类仙人球、龙舌兰（龙舌兰科、龙舌兰属的多年生草本植物，约在6000万年前诞生在地球，原产于美洲热带）等沙生植物和景观树构成了独特的生态奇观，观者入内，仿佛置身墨西哥，轻轻松松就能拍出沙漠风大片。

  这里有云南省第一个蔬菜展览馆，包含蜜蜂养殖场、逍遥猪舍、蔬菜种植区、耕种体验区及室内展馆。基地因地制宜探索绿色循环农业发展模式，推进太平湖生态农业示范区建设，探索绿色发展新路径，实现蔬菜绿色产业化发展，将这里打造成为绿色食品、健康生活体验区及云南省独具特色的研学体验基地。

  读蔬公社内展馆展示了植物的分类方法、蔬菜的起源与演化、种子的储存方式，介绍了蔬菜如何生长发育、营养元素与蔬菜的关系。室外展区种植了40余种蔬菜，参观者可以通过与蔬菜的亲密接触认识蔬菜的特点和生长特性。

  在这里，除了山地石漠化公园展馆、读蔬馆2个室内研学展馆，还有研学教室10间（含大、中、小型会议室），建筑面积1万余平方米，室外研学场地约3万平方米，可开展生态科普研学、劳动实践、动植物识别、木结构研究、园林设计艺术、绘画摄影、户外拓展、体育娱乐等科普研学活动；现已开设课程十余门，充分利用这里丰富的各类资源，如森林植物百科、木文化、大地园林艺术、绿色循环农业、山地石漠化变迁展馆等，以及清雅幽静、风景如画的人文景观，秉持"行走中的教育（寓教育于文旅之中）、自然中的课堂（教学融入自然之中）"理念，遵循"知识学习、能力培养、情感体验、品格塑造"的价值取向，开发了适合中小学生不同年龄学段营地教育系列课程体系。

小镇同时还是云南省中小学研学实践基地、云南省生态科普教育基地、中国森林养生基地、全国生态旅游典型。参观者通过在太平湖森林木屋酒店进行职业体验和劳动实践，可以了解酒店日常管理，提升自我管理能力；通过酒店大厨讲解和指导食品烹饪，参与食品制作，提升个人生活技能。在劳动快乐中体验生活，在自然疗愈中放松心灵，弥勒太平湖森林小镇欢迎你！

温馨提示

◉ **基地名称**：弥勒太平湖森林小镇人文自然科普基地

◉ **特色亮点**：科普研学、劳动实践、生态文明实践、亲子教育

◉ **位置导航**：红河州弥勒市弥勒太平湖森林小镇

◉ **交通路线**：在高铁站乘弥勒高铁专线1路到滇东南农产品交易中心站转太平湖森林公园专线公交车；市区直接乘太平湖森林公园专线车前往

交通路线会随时间发生变化，出行前请查询最新信息

◉ **参观贴士**：
开放时间：每天 8:30—17:00

文山不仅有坝美，还有"环境保护科普小站"
——文山州生态环境局砚山分局生态环境监测站

大家知道勤洗手的背后，我们所用的生活污水都流向何方了吗？我们呼吸的空气越来越清新，河水越来越清澈，这些数据又是如何测出的？如果你想要了解这些生态环保知识，就请随我走进云南省文山州生态环境局砚山分局生态环境监测站（下文简称"生态环境监测站"）实地探秘吧！

云南省生态环境厅在基地建成"云南环保·绿色书屋"

小讲解员正在认真地为同学们讲解

于1984年成立的生态环境监测站坐落于"中国三七之乡"——砚山县,是一个集展板宣传、趣味实验、多媒体教学、绿色书屋于一体的"环境保护科普小站",也是云南唯一的以环境监测站为载体的省级科普基地。在这里,于2016年建成的"绿色书屋",所藏书籍包罗万象,涵盖科学、环保、历史等多个领域。过道上的移动展板按照水、气、土壤、噪声、生物多样性等专题制作,而"美丽中国,我是行动者"系列展板则是这里的"网红展板"。

2020年,小站在绿色书屋的基础上扩建了环保教室和环保走廊。以史为鉴,生态兴则文明兴,生态衰则文明衰。软膜灯箱上的环境史叙说着人类与自然界发生的故事,昭示着人与自然和谐共生的必然。四类环保设施向公众开放,复活节岛的兴衰、AQI指数钟、公民生态环境行为规范不断被各个学校的小讲解员娓娓道来。

在这里,于2022年建成的面积230平方米的多功能环保展厅构建起一个多姿多彩的展示空间。展厅上空是地球四季不同的星图,这些被城市霓虹灯遮掩的璀璨星空熠熠生辉,希望参观者能因为这份星图喜欢上天文,走向星辰大海。展厅下方布置的"地球24小时"系列展板呼应着2022年世界环境日主题"只有一个地球"。45.7亿年前在太阳这颗初生的恒星周围,一圈薄薄的尘埃在引力作用下形成星坯,地球随之诞生。在后来的演进中,"忒亚来袭""潮汐形成""地磁护盾""海洋大氧化""冰室效应""五次生物大灭绝",百折千回,多彩的生命最终共存于这个生机盎然的星球。如果把地球漫长的历史比作24小时,人类文明也才存在了0.1秒,近代科学更是只诞生了短短0.01秒。原本处于第四纪大冰期的人类,竟然发现地球因为自身的发展而逐渐变暖,极端天气灾害接连发生,"第六次生物大灭绝正在上演"。这对人类的未来提出了挑战,环境问题受到空前关注。

实验室过道布置的许多展板,涵盖了环保与健康、世界环境日、环境监测与化学、环境监测与突发环境事件、热岛效应等众多内容。海量的环保知识浓缩于这些展板上,讲解起来既方便又高效。

基地丰富多元的环保知识体系使得监测站成为大家了解环保工作的理想打卡地。实验室里有为人们日常生产、生活保驾护航的仪器设备。众多科普活动让参观者走近监测、体验监测、了解监测、信任监测,监测站成为公众了解环境保护工作的一扇窗口。

在这里,基地的工程师化身为讲解员,用一组组科学可靠的监测数据对"天蓝、地绿、水净"作出了最直观有力的描述。"听湖水库现在的水质如何?富营养指数是什么?水体富营养化又是怎么回事?"参观者在这里都能得到满意的解答。基地利用自身优势,突出特色亮点,还为许多仪器设备配备了讲解展板:在天平室,"雾是雾,霾是霾",大家通过讲解员深入浅出的讲解很快明白了二者的区别。"太阳出来后会散去的是雾(主要由细微的水滴构成);而太阳出来后不能散去的是霾,主要由细颗粒物$PM_{2.5}$(Ⅰ类致癌物)构成,旁边大家看到的恒温恒湿自动称量系统能够精确测量十万分之一克的重量,$PM_{2.5}$通过刚才的环境空气综合采样器采集后需要在这里得到准确测定。"这里还有用于测定水质监测的现场指标,如溶解氧、水温、pH等。余氯测定仪在新冠肺炎疫情期间曾伴随身披"白甲"的我们出现在抗疫一线。

对八大环境公害事件的介绍,让大家认识了重金属、多氯联苯、光化学烟雾等有毒有害物质,而这些物质怎么监测,通过5分钟的"云开放"视频,大家认识了相关的监测仪器设备。在讲述曲靖铬渣污染事件的基础上,进行六价铬测定的演示,浓度不同的无色溶液在比色管中经过显色,由浅渐深地反映出六价铬溶液浓度的逐渐增加。通过比色,根据朗伯比尔定律作出工作曲线,从而对水中的六价铬进行准确测定,并根据国家标准给予评价,从而为政府进行环境管理提供决策依据。参观者可通过42寸触控一体机了解监测站开展环保科普活动的情况及相关影像资料;播放《环保词典》等环保科普视频。

2022年,利用云南省科技厅科普专项资金建成的多功能环保科普展厅

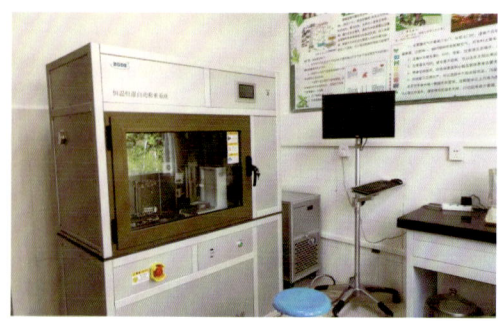

文山州生态环境监测系统唯一的恒温恒湿称重设备

2023年3月5日，文山实验小学的同学在观看基地制作的短视频"世界海豹日"

在这里，参观者可以一起动手做实验，如可以互动参与魔力净化瓶、彩虹水、神奇的茶水（利用草酸的还原性将鞣酸铁中的三价铁还原为二价亚铁，从而使鞣酸铁的黑色褪尽，茶水恢复原来的颜色）、喷雾作画、火山冰激凌等趣味实验，把学习气氛推向高潮。此外，小站还建有"环保&科普"抖音号，准备了COP15限量版邮票"首日封"、精心制作的宣传手册等，让环保知识更加生动、有趣地通过各种宣传渠道予以呈现。

保护生态环境是环境监测站的工作职责，而让更多参与小站"环保之旅"的公众加入公民科学家队伍，践行"美丽中国，我是行动者"，则让监测站的每一个工作人员感到使命光荣。

温馨提示

◉ **基地名称：** 文山州生态环境局砚山分局生态环境监测站

◉ **特色亮点：** 省内首家以环境监测为主题的科普基地

◉ **位置导航：** 砚山县和谐路18号（新城广场背后）

◉ **交通路线：** 可通过导航"文山州生态环境局砚山分局"到达

◉ **基地电话：** 0876-3121646

（可通过微信扫描上面的"环保设施向公众开放小程序二维码"预约参观。开放时间：每月最后一周，也可根据预约情况合理安排其他时间）

（"环保设施向公众开放小程序二维码"预约操作指南，可通过抖音App扫码关注"环保&科普"，观看抖音号置顶短视频了解）

151

野象谷，终于真"象"大白了
——西双版纳野象谷景区

目前，亚洲象仅分布于亚洲13个国家。在中国，野生亚洲象作为国家一级保护动物，数量仅有300余头，主要分布在云南省的西双版纳、临沧、普洱3个地区，其中西双版纳分布约250头。

多功能象鼻，谁也无法比

保护野生亚洲象需要每个人的参与，那么，作为陆地上最大的陆生哺乳动物，你对它了解多少呢？**"大象大象，你的鼻子怎么那么长？"**

亚洲象的鼻子是一个极为重要的器官，在亚洲象生活中发挥着至关重要的作用。随着自然环境的变化，大象为了适应环境，进化出了长长的鼻子，这样可以方便它们获取高处的食物。就和长颈鹿进化出长长的脖子是一个道理。象鼻没有骨骼，由15万条肌肉纤维组成。大象的鼻子究竟有哪些作用呢？一是用来呼吸。二是象鼻和人类的手作用相同，可以挠痒、摄取物体等。三是当杯子喝水用，象是由象鼻吸水后再把水倒进嘴里来喝的，就和我们可以用手捧水喝是一样的。那么它用鼻子取水为什么不会被呛到呢？原来大象鼻腔内有一个"阀门"，当象鼻吸入的水到达一定的量时，"阀门"便会关闭，把水留在鼻腔内，水便不会进入气管。四是象在水里游泳时，能以它们的象鼻作为一个潜水用的通气管。五是象鼻是一个探索的重要器官，如在野外活动时，大象会抬起象鼻，探索周围的环境是否安全；也会利用象鼻嗅出同伴在周边活动的痕迹。六是象鼻可以用来交流信息和表达感情。这么看来，象鼻那么有用，人的鼻子的作用怎么会那么小呢？

153

一副好牙口等于好胃口

"谁还没有一副好牙呢。你看我牙齿白不白?"大象也看颜值。除了长长的鼻子,象牙同样引人注目。象牙由门齿和臼齿组成。门齿就是我们通常说的露出口腔以外的象牙,而用来咀嚼食物的大牙则是臼齿。在象的一生中,臼齿会换五次长六批(每批4颗),大约在40岁会长出最后一批牙齿,包括门齿和乳牙在内,亚洲象共28颗牙齿。

门齿是亚洲象攻击、防御和辅助采食的重要器官,是雄象是否强壮有力的象征,也被看作雄象颜值的代表。雄象用象牙来打斗争夺配偶,一般来说,雄象象牙越大,在争夺配偶的打斗中获胜的概率越大,获得和雌象交配的机会也就越多,象牙俨然成为雌象择偶的一项重要标准。

臼齿也称为磨齿或颊齿,其构造和作用与我们日常使用的磨盘相似,所以臼齿的主要作用就是咀嚼食物。动物学研究表明,食草动物的寿命一般不能超过它牙齿的使用年限,一般动物全部使用颊齿就会在一定年限内全部磨完,而亚洲象颊齿一个接替一个顺序生长和使用的方式,大大增长了牙齿的使用年限,明显增加亚洲象的寿命。

大部分哺乳类动物包括人类的牙齿是从根部往上延伸,但是亚洲象的臼齿是类似于流水线,新的臼齿从牙槽后方长出,把旧的臼齿往前面推,最终从牙槽前面脱落。

爱把洗澡歌儿唱，水也爱来泥也爱

别看大象如此庞大，却偏爱"洗呀洗呀洗澡澡，泥浴沙浴少不了，洗一洗呀泡一泡，没有蚊虫没烦恼"。大象为什么这么喜欢"洗白白"？

亚洲象喜水，在炎热的天气，它们非常喜欢用泥或沙帮助自己清理身上的寄生虫，同时也能起到防晒的作用。许多幼象会在学习大象的这一行为中表现出憨态可掬的一面。亚洲象和人类接近，是善于学习的物种。幼象通过向母亲或家族里的其他成年象学习，获取各种生存技能、建立自己的食物体系、了解身处的自然环境。

象粪，传递情报的信息站

野生亚洲象数量不多，且活动面积较大，因此偶遇亚洲象这种事可遇不可求，但是我们却可以通过在野外发现一些它们活动的蛛丝马迹来了解这一物种在野外的活动情况。亚洲象是食草动物，粪便里几乎都是没有被完全消化的草料，所以它们的粪便没有刺鼻的异味，遇到象粪无须掩鼻哦。

大象的粪便蕴藏着许多秘密，要揭开象粪神秘的层层面纱，就需要细致的观察和判断能力。可以说，象粪就是一个信息站，可以通过象粪的现状来判断亚洲象活动的时间信息及在特定区域活动的强度。

我们还可以通过象粪大致推断象群结构以及大象个体的大小。例如：粪便的直径在

10厘米以下的为幼年象，10~15厘米的为少年象，15厘米以上的为成年象。

同时，象粪也为其他动物提供了部分食物来源及栖息居所。如野猪、野生雉鸡类等动物会到象粪中寻找未被消化的食物，而白蚁则会取食象粪中的粗纤维，通过体内的鞭毛虫将其分解成土壤。

一个象群就是一个小社会

不过，它们有时候也会因竞争而战斗，不是每时每刻都和平共处的。亚洲象以家族为单位活动，每个家族除会选出一头资历深、经验丰富的母象作为头领外，还有一头警戒象负责整个家族的安全，这头象警觉性非常高，总是能在第一时间察觉到周围环境中的不安全因素。

另外，在野象发情期，为了争夺自己心仪的母象，公象总是会大打出手。至于花落谁家，那便是一场力量和勇气的较量了。

大象及其栖息地还有很多等待我们去探索发现的奥秘，生态保护之路任重而道远。科普亚洲象行为知识，可以更加全面地认识这一物种，从而提高保护意识，保护亚洲象及其赖以生存的热带雨林，保护人类家园，也让更多的朋友加入爱象护象的行列中来。"因了解而爱，因爱而保护"，野象谷欢迎你！

温馨提示

- **基地名称**：西双版纳野象谷景区
- **特色亮点**：亚洲象、热带雨林
- **位置导航**：云南省西双版纳州景洪市勐养镇野象谷景区
- **交通路线**：①可至西双版纳景洪市告庄西双景北门"西双版纳城市旅游集散中心"乘坐告庄至野象谷的景区直通车；②乘动车至"野象谷"站下车，再打车前往；③自驾前往
- **参观贴士**：4—11月为西双版纳雨季，雨水较多，需要备好雨具；雨季蚊虫较多，需要备好驱蚊用品；景区内全程禁止吸烟。11月至次年4月为野生亚洲象出没频繁的时节，也是观看野生亚洲象生活状态和生态家园最佳时节

穿越东方亚马孙，探秘望天树
——西双版纳望天树科普基地

当船穿行于曲折而平静的河道上，先前的炎热已被此刻带有湿润水汽的风驱散，有在亚马孙丛林探险的感觉。雨季河水浑浊，更激发出大自然原始的野性。南腊河是澜沧江在国内的最后一条支流，而这里也是中国保存最完好的热带雨林。河右侧的雨林有世界上最小的偶蹄动物——鼷鹿，还有有着"水中大熊猫"之称的桃花水母，雨季的时候还会有野生大象出没。对于满世界寻找极致之旅的你，还有哪里比这块土地更神奇而美妙呢？

站在36米高的空中走廊，仰望一排巨树，它们青枝绿叶聚集于顶，形似一把巨伞，通体圆直，雄姿伟岸，上摩云天。远处，茫茫的热带雨林一望无际，层峦叠嶂，延绵不断；独特的林海，绿色的海洋……无论你怎么遐想和形容都不过分。

望天树有名，不仅仅是因为长得高、长得美，鹤立鸡群高居于其他乔木之上，更重要的是其代表性。20世纪70年代以前，这里交通闭塞，原始森林密布，望天树虽然是热带雨林里的标志性树种，却一直未被发现。而没有热带雨林，就意味着我国不是世界上森林类型最完整的国家之一。于是，我国著名植物学家蔡希陶教授亲临勐腊补蚌进行实地科考，在勐仑、勐腊、尚勇等地发现了一片密集生存的70~100米高的参天巨树，它们拔地而起，直冲蓝天，高出其他乔木20多米，群落高度达60余米。经取样鉴定，证实其是东南亚热带雨林的标志性树种龙脑香科的望天树，而其所处的生态环境也完全符合热带雨林的要求，充分证实了我国热带雨林的存在，而这里也是地球上同一纬度（北纬21℃）唯一一片绿洲。

望天树长有大板根，是从树干基部向四周生长出的板状的突出物，是主根的辅助根，也是支柱根的一种形式。板根裸露在地表，伸向四方，把树体牢牢地固定在主根之上，这样才使得树体稳稳地向高空生长。因此，人们称望天树是森林中的王者、巨人，更是勇者，守护着勐腊的森林。望天树伟岸挺立的形象正是勐腊各族人民崇高的精神境

界和优秀品质的象征。

望天树的种子非常奇特，带着翅膀一样飞落下来，充满诗意。当然，除了望天树外，在树干上结果的大果榕，在别人的树干上生长的江南星蕨，可以吸收二氧化碳放出大量氧气的金边虎尾兰，花瓣细长如蜘蛛腿一般的蜘蛛兰……所有的奇花异草在园区都可以看到。

这一切都需要有望天树景区科普基地专业工作人员的讲解，否则就只能"外行看热闹"了。

菲利普小道，这条长2千米的小路穿过繁茂的热带雨林，是为了纪念世界爱护野生动物基金会主席爱丁堡公爵菲利普亲王而命名的。1986年，菲利普亲王为这里的动植物所震惊，仅乔木层就可以分为3~4层，藤萝交织缠杂，木质大藤和附生植物更是蜿蜒布满各层空间。回国后，他著书立说，向全世界证实，北纬21°附近确实存在热带雨林。

蔡希陶小道全长900米，是为了纪念中国伟大的植物学家蔡希陶先生发现热带雨林而命名。

热带花卉道全长361米，主要由姜科、旅人蕉科等花卉植物景观主题段，老茎生花植物景观主题段，热带兰花植物景观主题段，攀援、藤本植物景观主题段和旅人蕉植物主题段组成。旨在向人们说明：热带雨林不是千篇一律的绿色，而是丰富多彩的。集中向游客朋友们展示了一个五彩斑斓、四季花开的热带雨林花卉世界。

树冠走廊和雨林廊桥都是架在望天树之间

的空中走廊，主要用途是从高空观赏热带雨林生态景观和近距离考察热带雨林中的树冠层生物（如鸟类、树蛙等）。树冠走廊给人晃晃悠悠的刺激感，而雨林廊桥则在保持树冠走廊原有特色的基础上增加了10米长的玻璃走廊，更加惊险刺激。在雨林廊桥上能更近距离地接触热带雨林的生态奇观，与世界上最毒的树——箭毒木擦肩而过，有惊无险之余，在高空玻璃廊体验悬空于溪流清泉之上的美妙，感受热带雨林的神奇和美丽。科普探险游道全长1.5千米，已经完成线路设计，将于2023年下半年向公众开放，届时游客将能体验热带雨林探险、研学活动项目。

在这里，你还可以走进雨林学校参与雨林实验课程、国内外专家论坛、自然观察、环境教育游戏、共享鸟巢观察、国民科学

"雨林方舟"等科普项目。目前开展的"微观世界""生命的颜色"等雨林实验研学旅游课程广受欢迎和好评。

望天树"脚踏实地,心无旁骛,追求卓越"的精神是我们学习的榜样。热带雨林的板根、绞杀、寄生附生、滴水叶尖、老茎生果五大奇观都充分反映了大自然的神奇和植物生长智慧。白天,当你走在森林里,幸运时还会遇到各种哺乳和爬行类动物的家庭聚会,参与彩蝶的舞会和鸟儿的合唱音乐会;晚上,这里又成了长相奇葩的昆虫小社会,萤火虫、溪蟹、千足虫、牛蛙大摇大摆地在路上"散步"!

这里是人与自然和谐共生的典范,也是践行生态文明建设、开展生物多样性保护科普宣教和生态旅游项目的典型代表。来吧!让我们一起陶醉在这"东方亚马孙"的唯美画卷之中!

温馨提示

- **基地名称**：西双版纳望天树科普基地
- **特色亮点**：生物多样性、水陆空探秘热带雨林、望天树精神
- **位置导航**：西双版纳热带雨林国家公园望天树景区
- **交通路线**：

自驾出行：导航搜索"西双版纳热带雨林国家公园望天树景区"，驱车到达目的地即可。从景洪市区到菜阳河收费站上高速公路，朝磨憨方向沿小磨高速公路行驶，到勐腊北收费站下高速公路，途经勐腊县城后往勐伴、瑶区方向行驶14千米达望天树景区，游玩望天树景区后原路返回西双版纳州景洪市区

高铁出行：7:40乘坐复兴号C379出发（票价53元），时间56分钟，8:36到达勐腊站，出勐腊站乘坐望天树景区直通车抵达望天树景区售票大厅前停车场

参观贴士：

1. 衣物

早晚温差大，请大家准备更换衣物，短袖、长袖或外套一两件即可

2. 药品

创可贴、风油精、晕车药以及防晒、防虫用品

3. 景区信息

门票：55元/人

套票：198元/人（景区门票+南腊河单程观光游船+树冠走廊）

树冠走廊：120元/人

南腊河单程观光游船：40元

景区开放时间：8:30—18:00

景区必看、必玩：南腊河观光、空中树冠走廊、热带雨林五大奇观、空中走廊、南腊河水上观光、全地形车、雨林学校、雨林飞仙、皮划艇体验、望天树傣泰水上项目体验

最佳摄影点：南腊河、空中走廊、菲利普小道、泼水广场、热带花卉大道

走进"雪山精灵"的世界
——云南滇金丝猴科普基地

来到美丽的迪庆,你首先可以去逛一逛古老的独克宗古城,转一转世界上最大的转经筒,看一看被称作"小布达拉宫"的松赞林寺。然后往德钦方向驱车一个半小时来到巴拉格宗,游览神奇的香巴拉大峡谷,听一听它的创始人斯那定珠的传奇人生。之后继续前行来到德钦,在这里领略梅里雪山的雄伟,探一探神秘的雪崩,此时你的迪庆之旅即将接近尾声。不过重头戏在后头呢,继续驱车3个半小时,往维西塔城方向的云南滇金丝猴科普基地与"雪山精灵"来一场浪漫的邂逅吧!朋克发型、性感红唇、萌趣灵动、温文尔雅,一定会让你觉得不枉此行。

从大门口到观猴点还有一定的距离,可乘电瓶车前往。幸运的话在路途中还可以看到拖着长长尾巴翩翩起舞的白腹锦鸡,不过这个"舞"并不是对游客表示欢迎,而是为了"找女朋友"——动物的世界不像人类世界,只有雄性足够"漂亮"才容易被雌性接纳。据《中国鸟类志》记载,白腹锦鸡求偶炫耀时间短则7分钟,长则达45分钟。

到达观猴点。"喔……阿瓜捏?"(傈僳族语:喂,你们在哪儿?)护猴员几声呼唤,这些隐藏在丛林深处的精灵,会迅疾地穿过茂密丛林,出现在你面前。不过与之面对面的时候,"只可远观而不可亵玩焉"。它不像海鸥、猕猴,不吃面包也不吃胡萝卜,它只吃纯天然的松萝以及护猴员投喂的专家配方营养餐,主要是防止人类身上的病

滇金丝猴

(*Rhinopithecus bieti*)

又名黑白仰鼻猴,栖息在海拔 3000 米以上的高山暗针叶林带,是除人类以外栖息海拔最高的灵长类动物。滇金丝猴与国宝大熊猫齐名,是中国特有物种,一级珍稀濒危动物,异常稀有。

菌传染给它们，影响其健康。

　　滇金丝猴里没有所谓的"猴王"存在。它们以家庭为单位，一只公猴往往有1～3个配偶，它与它们繁育的后代，共同构成一个家庭。而一个家庭一只公猴配多只母猴的结构，也决定了很多公猴是没有配偶的，而这些没有配偶的单身汉则组成了"全雄单元"，这里面有成年之后被撵出家的小公猴、战败的年轻公猴，也有年老的公猴。它们也往往是一个猴群中的"哨兵"，在遇到危险时要拉响警报，准备冲锋陷阵。通过激烈的打斗，它们有机会取代家长的位置，而

物，如滇藏木兰、云南红豆杉、水清树、团花杜鹃等，每当花儿盛开时就是萌猴的最佳拍摄季，吸引了大量爱猴人士。还可以走一走茶马古道，聆听千年传颂的茶马故事与悠扬的马铃声……

战败的公猴则会遭受"妻离子散"的悲剧，回到"全雄单元"，准备下一次的"抢妻大战"。可见，它们和人类一样有喜怒哀乐，也有生离死别，具备完整的社会系统。

在这里，野生动物救护站收容着全州需要救助的野生动物，如金雕、花面狸、黑熊、猕猴等，它们会在工作人员的悉心照料下重返大自然。

除了看动物，公园里还有许多明星植

和猴子们说再见之后，还可到白马雪山傈僳族文化保护与体验中心体验傈僳族文化，了解他们和猴之间的渊源，了解他们如何成为滇金丝猴的守护者。顺便拜访护猴队的明星人物——余建华，听他讲一讲他与滇金丝猴20多年的日日夜夜。到滇金丝猴主题展馆，了解云南白马雪山自然保护区初建时，前辈们在野外寻找滇金丝猴时住的高仿窝棚、野外滇金丝猴记录笔记以及当时使用过的一些旧物件，感受老一辈护猴人为滇金丝猴的保护工作呕心沥血、奉献一生的动人事迹。到白马雪山自然保护区成果展示厅，回顾白马雪山自然保护区40年以来的保护成果、保护区发展历程，通过了解这里丰富的野生珍稀动植物资源，进一步感受白马雪山自然保护区的生物多样性之美。

游览了这么长时间，饿了吧？塔城的杀猪

饭可是远近闻名，优秀的"干饭人"不容错过。它的做法可谓非常讲究，必须要用现宰的猪，有余温并且肥瘦相间的肉才香。将卸下来的肠油炼油，把油锅烧到冒烟后将整块肉放入油锅炸至定型后捞出。关键一步来了，肉怎么切还有个说法，必须看清肉的纹路，横切成块炸出来的肉才嫩。撒盐拌匀，等油锅再次烧到冒烟再下肉，炸至表皮金黄捞出，配上一碗"妈妈牌"酸萝卜腌菜，又香又解腻。重头戏来了，热腾腾的米饭撒上适量的盐，将刚刚炸过肉的油烧到冒烟，舀一勺淋在米饭上，迅速拌匀来上一口，别提有多香了，保证你除了在塔城吃不到这么香这么正宗的杀猪饭了！

吃饱喝足，到秘境英都湾感受非物质文化遗产——神川热巴，它是一种古老的祭祀舞蹈，用来祈祷来年风调雨顺、五谷丰登、人畜平安，舞姿庄重而激昂，英姿飒爽。

这里的滇金丝猴是如何发展保护至今的，背后又有着怎样的故事，还生活着哪些濒危的物种，它们又需要怎样的保护和利用呢？这些都需要你到科普基地来一一解开。因为了解，才会热爱，因为热爱，才会保护，我们诚挚地邀请你到滇金丝猴科普基地来，让我们一起继续书写滇金丝猴的保护故事吧！

温馨提示

- **基地名称：** （白马雪山国家级自然保护区）云南滇金丝猴科普基地
- **特色亮点：** 三江并流的核心区，生物多样性的热点地区
- **位置导航：** 云南省迪庆藏族自治州维西傈僳族自治县塔城镇
- **交通路线：** 丽江—维西塔城、香格里拉—维西塔城、大理下关—维西塔城均有直达班车，二级公路为主，建议自驾为宜
- **参观贴士：** 滇金丝猴研究基地、滇金丝猴主题展馆、白马雪山傈僳族文化保护与体验中心、白马雪山保护区野生动物救护站4处科普场馆免费对外开放，滇金丝猴公园野外观猴则为收费景点（门票70元/人 + 观光车50元/人，开放时间：夏令时 8:30—11:30，冬令时 9:00—11:30）

看懂无人驾驶航空器——"上帝"之眼
——云南警官学院无人驾驶航空器科普基地

> 现在各类无人机系统大量出现，无人作战正在深刻改变战争面貌。要加强无人作战研究，加强无人机专业建设，加强实战化教育训练，加快培养无人机运用和指挥人才。
>
> ——习近平

2017.10
云南警官学院无人驾驶航空器协同创新中心成立

2019.11
经云南省人民政府批准授牌成立"云南省无人驾驶航空器科普基地"

2021.11
经公安部批准成立全国公安机关警用无人驾驶航空器培训机构

2022.03
获批国家二级科普教育基地

2023.01
云南警官学院无人系统体育科普基地入选首批国家体育科普基地

走进无人系统体育科普基地

无人驾驶航空器（Unmanned Aircraft Vehicle，UAV）：属于无人机的范畴，广义上指不需要驾驶员登机驾驶的各式遥控或自主智能飞行航空器。

01 多旋翼无人机：是一种具有三个及以上旋翼轴的特殊的无人驾驶旋翼飞行器
特点：操作简单、稳定性好。

02 固定翼无人机
特点：速度快（最高速度：400千米/小时）。

03 无人直升机（航时：1~2小时）
特点：任意方向飞行、垂直起降、空中悬停。能够在军、警实战任务中执行各种非杀伤性任务，软、硬杀伤性任务，如通信中继、视频侦察、空中打击等。

04 无人车（续航里程：大于400千米）
特点：用于边境线、重要会场的警戒巡逻，搭配强声、强光、催泪弹、烟雾弹、语音互动等警用设备，对恐怖分子、极端歹徒实施非致命性打击。

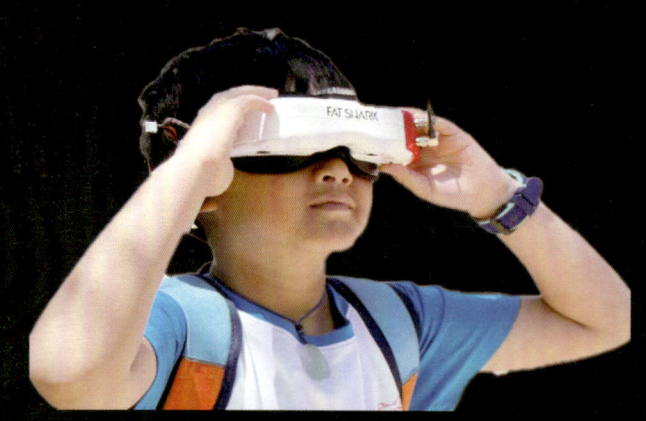

　　这里浓缩着人类百年征服太空激荡人心的励志故事，全面展示了无人机科技力量保障云南人民致富追梦的生动图景。

　　这里有着无人系统的各种机型，如多旋翼无人机、固定翼无人机、无人直升机、无人车……充分满足青少年的好奇心。

　　在这里，你可以看到每一种机型的续航时间、抗风等级、飞行距离和速度、悬停作业、有效载荷。

　　在这里，你可以了解飞行控制、飞行环境、飞行气象、飞行法规等。

　　在这里，你可以了解无人系统警用和民用的各种用途。

　　在这里，你可以了解无人机和我们每一个人息息相关，走进我们的日常生活，改变着这个世界的生活方式。

在这里，你可以了解具备"鹰的眼睛、豹的速度、熊的力量、狼的耳朵"的各类无人系统，了解机械制造、飞控导航、机器视觉、模式识别和人工智能等多个前沿学科的发展成就。

在这里，你可以了解中国无人机产业不断壮大的发展历程。从中华人民共和国成立初期我们就开始研制无人机，20世纪60到80年代生产出遥控靶机和"长虹"系列无人机。2000年以后，随着我国国力的增强和雷达通信技术的发展，无人机进入飞速发展阶段。经过70多年的不懈努力，中国已经拥有多种规格、多种型号、多种用途（警用、民用）的无人侦察机、察打一体无人机、无人攻击机等，已经基本建成远、中、近、超近程的各类无人机装备体系，为中国的国家安全和警务安防提供了重要保障。

温馨提示

◉ **基地名称：** 云南警官学院无人驾驶航空器科普基地

◉ **特色亮点：** 云南省以无人机为主题的科普基地，涵盖警用无人驾驶航空器与无人机行业应用

◉ **位置导航：** 云南省昆明市五华区北教场路 248 号

✚ **交通路线：** 可搭乘 139 路、187 路公共汽车，或地铁 5 号线在"圆通山"站下车 交通路线会随时间发生变化，出行前请查询最新信息

❶ **参观贴士：** 科普基地免费开放；开放时间：周一至周五 8:00—17:30

面向世界的"禁毒之窗"
——云南警官学院禁毒防艾科普基地

由于毗邻世界毒源地"金三角",云南成为全国禁毒斗争的前沿阵地和主战场。尽管与毒魔的较量尤为艰辛,但云南禁毒的脚步从未停歇,唯见奋进。毒品预防教育是治理毒品问题的源头举措,是禁毒工作的基础工程,更是青少年"杜绝毒品危害"的安全屏障。伴随着时代进步,毒情更是复杂多变,为此,云南警官学院不断创新,充分结合禁毒学专业优势,于2005年建立云南禁毒教育基地。基地坐落于云南警官学院校园内,是集教学、科研、对外交流于一体的专题科普教育基地。基地面向社会开放,为民众科普禁毒相关知识,介绍禁毒历史,让参观者了解禁毒形势,为中国禁毒事业贡献力量。基地在2016年云南科普教育基地考评中获评"优秀"。

　　基地占地面积2000多平方米，主体部分有室内馆（三层）和室外馆，以"生命、拒毒、使命"为主题，展区分为"诱惑之花""罪恶之果""止殇之剑""远航之梦"四个主题馆，内容涉及毒品危害、毒品知识、禁毒历史、禁毒形势、禁毒工作、禁毒成果等，是一座充分利用声、光、电等现代科技手段，集知识介绍、现场教学、情景模拟、互动游戏等于一体的现代禁毒教育场馆。云南禁毒教育基地是实施毒品预防教育的载体，是开展禁毒宣传的平台，是宣传云南禁毒工作的重要窗口。

在这里，参观者可通过参与互动游戏和实景模拟等多种形式的声、光、电现代科技体验，进一步了解毒品危害等内容，深刻认识新时代禁毒斗争的严峻性。目的是加强禁毒宣传教育，进一步提高公众识毒、防毒、拒毒的能力，牢牢根植"健康人生、绿色无毒"理念。

在这里，还有常见"毒品"样品陈列，如鸦片、海洛因、摇头丸、冰毒等。在讲解员的讲解下，参观者可以了解其主要成分及其危害表现，做到从外貌上就能识别毒品，从而远离和拒绝毒品。

此外，基地积极利用自身科普场馆开展多种形式的科普宣传活动，包括积极编写各级各类禁毒防艾科普读物；为国家禁毒办、团中央、中共云南省委、省禁毒办、团省委等编写各类教材、手册、宣传资料十余种；开展禁毒防艾边境行动，连续多年进入临沧、西双版纳和普洱地区，对当地的禁毒防艾骨干教师进行培训；同时，借省科技周活动之机，安排7名老师到保山市隆阳区、腾冲市等多个地方进行禁毒防艾知识宣传，受众达4000余人次；在特殊时间节点开展科普活动，每年"6·26国际禁毒日""12·1世界艾滋病日"，在校园、社区举办大型禁毒防艾科普活动；自2005年起，基地连续17年参加云南省科技周活动，展示学院的禁毒科研成果，发放宣传资料30余万份，受众达30万余人次；基地学生志愿者通过"禁毒防艾进校园、进社区、进单位"向广大群众普及毒品预防知识。

毒品猛如虎，随着很多新型毒品的问世和巨大不法利益的驱使，只要制毒、贩毒的行为仍未消停，禁毒、防毒工作便永不止步。云南禁毒教育基地将不断完善和更新自身建设，让我们一起辨识毒品，远离毒品，共筑美好人生！

温馨提示

◎ **基地名称：** 云南警官学院禁毒防艾科普基地

◎ **特色亮点：** 展示云南省多年来禁毒工作的成效，警示和教育人们珍爱生命、拒绝毒品

◎ **位置导航：** 云南警官学院三号门

⊕ **交通路线：** 乘139路、187路、K5路公交车到"教场北路西段"，Z63路公交车到"腾龙阁小区车场"

交通路线会随时间发生变化，出行前请查询最新信息

◎ **参观贴士：** 运用现代展示手段和传媒技术，结合实物陈列、影视播映、图片展示、多媒体互动参与等，将禁毒教育主题寓于生动的展示和体验之中。请将电话设置成静音或振动状态，参观过程中配合讲解员的引导

开放时间：全天开放

走进奇妙的眼睛
——昆明欧普康视眼健康科普基地

嗨,大家好!我叫大眼康康,从 Bright 星球远道而来。我们族群以巨大且明亮的眼睛为特点,我来到这里,是为了认识人类奇妙的眼睛。现在我是欧普康视眼健康科普基地的一名护眼小卫士,和我的诗诗妹妹一起在地球上寻找护眼秘诀。

我叫亮眼诗诗,是大眼康康的孪生妹妹。我的主要任务是来这里学习爱眼知识,把这些护眼小妙招传递给更多的小朋友。

大家快来和我们一起开启探索眼睛的奇妙之旅吧!

来吧!我们出发啦!

大眼康康

现在展现在我们眼前的是一颗直径2.5米、高度3米、内藏乾坤的大眼球。你们想知道，人的眼球是由哪些部分构成的吗？让我们跟随康康进入神奇的眼球，一起揭开这个秘密吧！人的眼球是由角膜、巩膜、脉络膜、虹膜、视网膜、晶状体、玻璃体等几个主要部分构成的。通过观看展板，大家也已经了解了每个部分主要的功能和作用，近距离认识了眼睛，了解了视觉成像的原理。如果你们有兴趣，可以依照图文，对眼球模型进行拆卸、拼装，进一步了解眼球构造和功能。

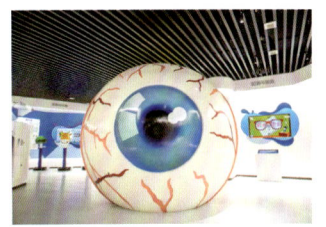

在动手动脑的过程中自主掌握相关的爱眼护眼知识

亮眼诗诗

在了解完我们眼睛的基本构造以后，由亮眼诗诗带领大家一起参观体验馆内20多项眼健康互动科普项目。

参观结束，小朋友们还可以跟着大眼康康过一把职业眼科医生的瘾，测视力、电脑验光、眼健康检查……在角色扮演中深入认识眼睛的重要性。

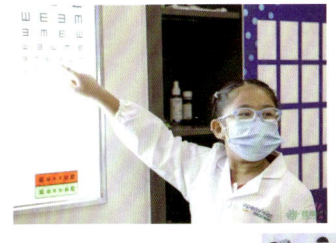

"小小眼科医生"我来当

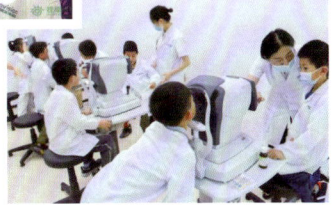

资深眼科专家、全国近视防控宣讲团专家成员组成的科普讲解员医生团队，常年开展近视防控、爱眼护眼科普公益讲座

原来眼睛里还藏着这么多的奥秘：人的极限视力是几米？有的人为何害怕和别人对视？人为什么在户外要戴太阳镜？眼轴的长度会影响视力吗？为什么有的人眼睛的颜色会不一样？为什么不能盯着太阳看？人为什么会得飞蚊症？近视了能自愈吗？这些问题你都能在"奇妙的眼睛"欧普康视眼健康科普基地中找到答案。

目前，基地开展了眼健康科普进校园"五个一"系列活动，该活动荣获了2023年昆明市优秀科普精品项目。通过听一场近视防控专家科普讲座、读一本好书《孩子的护眼宝典》、参观一次眼健康科普馆、做一次进校视力筛查、体验一次"小小眼科医生"的五个活动，在全社会形成一个"近视防控，从小抓起"的良好氛围。

大眼康康和亮眼诗诗希望小朋友们记得要坚持户外阳光下的活动，减少使用电子产品，科学饮食，从小养成良好的用眼习惯，并把自己参观体验后的所看所想所思用文字记录下来，分享给更多的小伙伴哦！

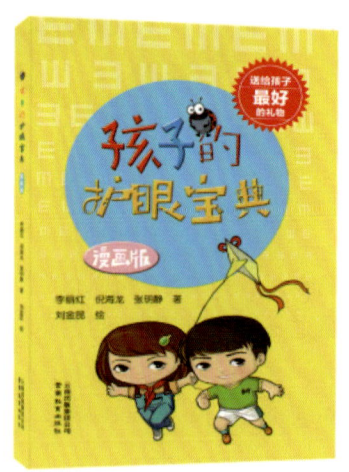

与大眼康康和亮眼诗诗的互动方法还有：参加征文比赛。通过看（参观）、听（讲解）、练（动手）、阅（读书）、写（征文）这一系列寓教于乐的教育方法，将热爱科学、努力探究的精神种子植入孩子们的心田。大眼康康和亮眼诗诗还为到基地参观的小朋友们准备了《孩子的护眼宝典》一书作为礼物带回家呢。同时，基地还欢迎小朋友们加入大眼康康眼健康科普志愿者服务队，成为一名小小志愿者，将更多眼健康知识传递给更多的人。

Tips:
《孩子的护眼宝典》入选国家新闻出版2019年农家书屋重点出版物推荐目录，获科技部2020年全国优秀科普作品，云南省图书馆正式归档收藏图书，出版至今发行18万册，受到家长、教师和孩子的一致好评，2023年将再版发行。

温馨提示

🟢 **基地名称**：昆明欧普康视眼健康科普基地

◎ **特色亮点**：云南省首家以眼健康为主题的科普基地

📍 **位置导航**：昆明市金江路78号金星大厦三楼

🚇 **交通路线**：乘坐地铁1号线、2号线到"白云路"站从D口出站后右转，或乘坐3路、25路公交车至"金星西门"站交通路线会随时间发生变化，出行前请查询最新信息

❗ **参观贴士**：周二至周日免费开放

扫一扫下方二维码，和大眼康康开启探索奇妙的眼睛之旅吧！

让预防先于治疗，让科学走进大众
——云南省健康教育科普基地

我们在成长的过程中，是否都有过一大堆关于我们身体的问题？比如我们的身体里有什么？我们为什么能感知周围的世界？爷爷奶奶的头发为什么是白色的？我们身体里住着细菌吗？它们对我们有害吗？一滴血中究竟包含着怎样的秘密？为什么要打预防针？大众对医学健康知识的疑问层出不穷。想找到这些问题的答案，就请随我一起走进昆明医科大学第二附属医院KeyLab(中心实验室)一探究竟吧！

基地坐落于昆明西园路与滇缅公路交会处的昆明医科大学第二附属医院内。医院自1952年建院以来，尊崇"明德至善"的院训，倡导家园意识和"关爱生命，情系患者，诚信友爱，和谐发展"的价值观，始终坚持"以人民健康为中心"。医院现有省级科技创新团队2个，云南省高校科技创新团队5个，云南省高校工程研究中心2个，云南省泌尿系统肿瘤重点实验室1个，云南省神经病理性疼痛诊疗工程研究中心1个，院士/专家工作站31个，博士后科研工作站1

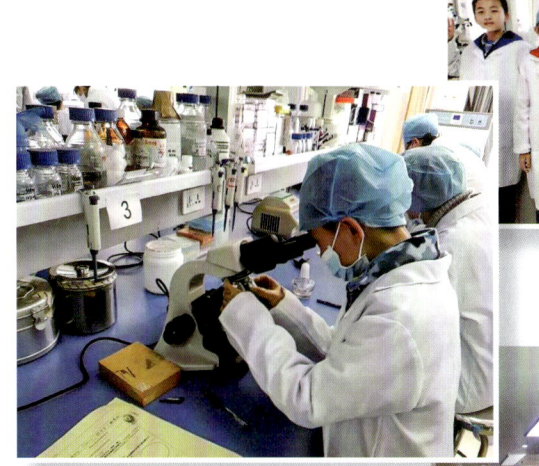

个,云南省临床医学中心4个,云南省临床医学研究中心1个(泌尿系疾病),获云南省重大科技专项1项,昆明医科大学重大科技成果培育项目4个,云南省科技进步特等奖1项,先后6次获省级科学技术进步类一等奖。2019年被云南省科技厅认定为第十二批省级科研教育类科普基地。

为了让公众从权威渠道了解攸关健康生活的科学常识,基地结合医院的科研力量,积极探索科普教育的多种形式,开展了多项主题活动。体验式科普让受众沉浸式深刻了解健康有关知识,为广大青少年儿童提供具有专业特色的科普教育第二课堂。

这里有着先进的KeyLab(中心实验室),自2017年对公众开放以来,活动就持续不断。在与云南省博物馆联合开展的"神奇的微观世界"的主题活动中,40余名家长及孩子在研究人员的指导下,利用显微镜观察身边的微生物:自然水体中的藻类,人体血液中的红、白细胞,洋葱叶片中的植物细胞以及克隆了绿色荧光蛋白的土壤线虫,体验了实验室常用液氮的特性及用途,让孩子们感受超低温世界中的奇妙现象!

血液里的秘密、光的故事、奇妙的微生物、神奇的低温世界、我的毛发我做主、身体里的"军队"、守护生命(急救技能培训)、一个尘埃分子在身体里的迷宫之旅、眼睛里的秘密、走进"克隆技术"……近60期KeyLab亲子科学之旅医学科普活动,让逾千人获益。

在这里,你还可以以"小小科学家"的身份,感受不一样的科学。在梦想医学院里,孩子们可以在专业医学老师的带领下,当一名小小专科医生,进行角色扮演、临床情景模拟,去了解、传播生活中最需要的医学健康知识,实现自我健康管理。

在这里,除开展KeyLab亲子科学之旅外,依托医院强势的医疗资源及师资人才队伍,针对不同群体的需求开展科普教育活动,使大众认识到医生是人而不是神。如今,医院已连续举办多届科技活动周、医学前沿论坛、学科建设论坛、临床知识竞赛、"真实世界vs传统研究"辩论赛、健康知识科普讲座、科研实验技能培训等不同形式的活动,为大家呈献一场场精彩的科技学术盛宴。在以"齐科普 惠健康 享未来"为主题举办的2022年医院第二届护理科普大赛上,共征集到动漫微视频类作品32个、现场演绎类作品31个。参赛选手们围绕慢病防治、新冠疫情防控、健康生活方式、急救知识等方面,充分运用视频、动画、漫画、情景剧、话剧、歌舞剧等演绎元素和形式,幽默、形象、直观地展示了健康科普知识,将一个个复杂难懂的医学知识用通俗易懂、趣味十足的语言和方式传递出来。

面对大众,有青年医师健康知识月月讲,成人急救技能培训,云南省医学科普微视频作品大赛,云南省首届卫生健康科普讲解大赛,科普进校园、进社区,诺贝尔生理学或医学奖解读活动等。

在这里,每月第3周的周三下午,在门诊大厅,医院都会安排2名青年医师进行医学健康知识讲座。自2016年以来,已安排100多人次青年医师讲授,逾千人获益,主题涵盖高血压、冠心病、糖尿病等

老年慢性疾病；宫颈癌、卵巢疾病、辅助生殖等女性生理疾病；小儿高热、腹泻等常见疾病；烧烫伤、泌尿系统感染、胆囊结石等专科疾病。

这些形式多样、题材丰富、人们喜闻乐见的方式让更多的人了解人体的奥秘，认识到预防重于治疗才是保持健康体魄的根本。

在新冠疫情期间，医院为儿童青少年创作了《"新冠"知多少——抗"疫"科普小故事》科普读物、针对中学生的"新冠病毒深度研学"网上公益课程等。医院积极创新，将科普活动与党建工作相结合，与社区联动，进行科普剧表演及专家义诊活动，广受社区居民好评。医院还拍摄了一系列医学健康科普视频在医院及网络平台播放传播，单条视频观看量逾1000人次，并开设了医护人员直播通道。对本科医学生，基地2023年首次在昆明医科大学开设了"医学科普素养"课程。预防先于治疗，身体健康才是最重要的。

温馨提示

◎ **基地名称：** 云南省健康教育科普基地

◎ **特色亮点：** KeyLab 亲子科学之旅科普活动、"梦想医学院"角色扮演体验式科普教育、急救技能培训及健康知识讲座等

◎ **位置导航：** 昆明市五华区滇缅大道 374 号昆明医科大学第二附属医院

◎ **交通路线：** 距离地铁 3 号线"梁家河"站 1 千米；途经公交：2 路、8 路、8 路专、26 路、55 路、85 路、90 路、104 路、127 路、C142 路、233 路等
交通路线会随时间发生变化，出行前请查询最新信息

◎ **参观贴士：** 参加 KeyLab 亲子科学之旅活动、科普进社区、进校园活动，请提前联系医院科技教育处

走进中国水电"鼻祖"石龙坝
——昆明石龙坝发电厂科普基地

螳螂川,系金沙江支流,全长252千米,为滇池之唯一出口。螳螂川自滇池流向西北,经云南省昆明市之安宁、富民、禄劝,于禄劝与东川交界处注入金沙江。其上游称螳螂川,富民段称普渡河。这里的春天,连片彩色菜花将两岸装点,美不胜收。这里的夏日,漫步在向日葵的花田更是金黄里透着喜悦,而"金色螳川"的美誉也从此远播四方。

但河从出口至平地哨一段,河床平缓,水流缓慢,而后经滚龙坝至石龙坝一段,坡陡流急,落差30余米。明崇祯十一年(1638年),徐霞客游历此地,写道:"峡中螳川之水涌过一层,复腾跃一层,半里之间,连坠五六级,此石龙坝也。"

　　石龙坝就在距昆明市区约40千米的西山区海口镇螳螂川的上游。这里藏着中国第一座水电站,即现在的占地面积14.2万平方米的华电云南发电有限公司石龙坝发电厂(以下简称"石龙坝水电站"或"石龙坝电厂")。

　　石龙坝水电站筹建于1908年,始建于1910年,是中国最早进行全球招投标的股份制企业之一,也是云南省第一家民族工业企业。1912年5月28日,一条23千伏高压输电线路向昆明城送电,中国结束了没有水电的历史,从而开了中国水电事业发展、利用清洁能源的先河。今天,石龙坝电厂依然在正常发电,被誉为"活着的文物和工业遗产"。

　　昆明本无海，五百里滇池在人们心中便有了大海的风范，故把滇池通向大海的唯一通道叫作海口。滇池海口泄洪大坝的水日夜奔流，入螳螂川后被滚龙坝拦河闸分流，迅速奔向发电厂四个车间的四个发电机机组之后，平息了流速，通过泄洪道重新汇入螳螂川，然后奔向金沙江，一路向东永无折返。百年过去，石龙坝水电站依旧顽强地运行着，在历史的长河中坚守着使命，初衷不改。

　　"飞来池"的故事至今还在传扬。抗日战争时期，日军飞机曾先后四次轰炸石龙坝水电站，但未能伤其皮毛，距一车间仅20米的那一枚威力巨大的燃烧弹，入地5米，却没能爆炸，炸弹坑成为历史鲜活的见证之处。如今，电站把将因空袭造成的大坑改成了"飞来池"花园，花园中一座亭子上写有一副对联，上联为"电站虽小历史悠久开中国水电之始"，下联为"水塘不大成因奇特记东瀛入侵之证"。

水电站第一车间里的那一组比百岁老人还要苍老的发电机依然在轰鸣，水流撞击涡轮累计的发电量难计其数，机组仍在用它的百年年轮继续向世人证明：于中国的水电史，石龙坝的历史价值已经远远大于它的经济价值。不息的涡轮轰鸣声，对中国水电百年历史是一种讲述、一种激励，更是一种延绵和继承。云南唯一的清末经济特科状元袁嘉谷欣然为石龙坝水电站第二车间的建成发电题写"石龙地，彩云天；灿霓电，亿万年"，并勒石记录在第二车间青石楼梯栏板上。

石龙坝水电站是爱国主义的结晶。石龙坝电厂的创业史，就是一部爱国主义的历史。已经走过110年历程的石龙坝电厂，深刻折射了近代以来中华民族救亡图存的奋斗史与走向伟大复兴的生动实践。

当石龙坝水电站第一次把西方先进技术引入红土地上时，红色基因也在此成长壮大。1926年11月7日，中国共产党云南特别支部成立，这是中国共产党在云南的第一个地方组织。1927年4月，中共云南特委石龙

坝电站党支部正式成立，石龙坝水电站诞生了云南省第一个企业地下党支部，其是云南省最早的15个地下党支部之一，并且是历经沧桑贯穿历史，在15个党支部中唯一传承至今的党支部，谱写了光辉的革命史。

石龙坝电厂于1997年被云南省命名为"爱国主义教育基地";2006年被国务院列为第六批"全国重点文物保护单位";2010年被国家能源局发文授予"中国第一座水电站"称号;2014年被中共西山区委、西山区政府命名为"革命遗址";2017年被中宣部红色文化研究会授予"中国红色文化教育基地";2018年4月被云南省命名为"云南省科普教育基地",8月被中国电机工程学会命名为"电力科普教育基地",12月被工业和信息化部列为"国家工业遗产";2021年被国务院国资委列为"中央企业爱国主义教育基地";2022年被教育部、工业和信息化部列为"工业文化专题实践教学基地",被云南省委省直机关工委列为"省直机关党性教育现场教学点"。

目前，石龙坝电厂共有4个车间，综合室内展厅8个，展厅面积2100余平方米，基础设施和配套设施功能完备、运转良好，是开展科普、爱国主义、红色文化、党性修养、廉洁文化等教育及亲子研学旅学的理想场所。多年来，石龙坝科普教育基地因地制宜、科学合理地推进科普教育、红色旅游，积极研发红色文化产品和文化服务，红色文化资源和科普教育基地的作用得到充分发挥。

这是一条历经雨雪风霜，尝尽民族工业苦辣辛酸的百年石龙，把过去百年里民族的梦想汇入信念之后的又一条百年石龙。石龙坝水电站不仅凝聚着中国水电的发祥地的厚重历史，而且是一本弘扬爱国主义精神和自强不息精神的生动教科书，有着独一无二的历史文化内涵。

金色的螳川，红色的印迹，现代水利人正是带着石龙坝的这种精神，让云电不仅支撑起昆明工业的基础，也成为今天云电东送突破7000亿度的动力之源。饮水思源，用电也要思源，石龙坝欢迎你！

温馨提示

◉ **基地名称**：昆明石龙坝发电厂科普基地

◉ **特色亮点**：集科普教育基地、红色文化教育基地、爱国主义教育基地、工业遗产展示基地于一体

◉ **位置导航**：石龙坝水电博物馆

◉ **交通路线**：自驾

◉ **参观贴士**：工作日 9:00—11:30、14:30—17:00；周末需电话预约（预约电话：13700658230）

让青少年爱上创新发明
——云南省轻发明科普基地

  每一位孩子都是天才的发明家，都具有自主创造的潜能。他们中的绝大多数都曾梦想发明某种东西，驱使他们创造的因素主要包括人的本能冲动、自我实现的需要，而驱使他们不断创新的则是源源不断的热爱。让他们爱上创新、爱上发明的最好方法就是让他们爱上科普活动。孩子们将热爱思考与探索养成习惯，那便是他们的一笔宝贵的人生财富。就好比牛顿从苹果下落得到的启发、瓦特从水烧开进行的思考一样，结果会非常精彩！

校园科学秀科普活动——环保礼炮

　　精彩的科学秀表演节目、贴近生活的创新发明作品、来自同学们亲手打磨的一件件作品都被展示在基地中。"好看、好玩、又亲切"的烙印，把一个个物理学知识运用得得心应手，这便是云南省轻发明科普基地陈列的青少年发明作品。基地10多年来一直坚持探索和追求的一个目标：如何让青少年爱上创新发明。

　　"你们想体验一下腾云驾雾的感觉吗？""想！"话语间，一团团白色烟雾升起，缭绕四周，现场宛若仙境一般。孩子们被眼前的"幻境"所吸引，一起欢呼起来。他们愉快地穿行于"云雾"中，奔跑跳跃，不时还把手伸进"云雾"，试图捞起一片……

　　这样的科普活动，10多年来基地累计开展了500多场，辐射人群40余万次，科普的足迹遍布云南省各州（市）及边远山区、人口较少民族聚集区。而这只是轻发明基地科普教育活动的第一步：通过激发孩子们的好奇心，让他们从此热爱科学，喜欢创新。接下来则要让孩子们从喜欢转向主动探索，于是就有了："我遇到了什么困难？""我想发明什么？""我想解决什么问题？"一个个问题如雨后春笋般涌现。此时，科普基地便建立起青少年创新发明的"牢骚"大数

193

基地胡磊老师在开展轻发明课堂

基地李本森老师在开展电学的科普与发明

据，也就是将"困难""不满意""不好用""不方便"的事或物，不满意的学习用具、生活用品、交通工具等一条条地收集入库，分类整理建模，再通过简单的"1+1法则""移植法则""改变材质""替代"等方法解决上面遇到的问题。一件件有趣、好玩、接地气的创新发明作品就在教师的指导下，孩子们的实践中应运而生了！

而基地也在多年的科普教育工作中摸索出了"寻找问题→解决问题→成果转化"的一套创新发明模式，鼓励学生发现生活中的问题和烦恼，将其转化为创意发明方案，并通过模型设计、实物制作、参加竞赛、专利申请等方式，逐步将这些创意方案形成发明作品，把热爱转化为生产力和核心竞争力。

从喜欢到探索实践，再到热爱，这第三步，就是要指导孩子制作、打磨、发明作品，从1.0版升级为2.0版，也许将来还会有3.0版。正是这样不断地完善发明作品的使用功能及外形由粗笨到轻巧的转变，促使孩子们不断思考，反复试验，直至作品功能不断完善和强化。

轻发明的本质就是让孩子在玩的过程中发现物质的本质，在好奇中不断探究物体之间的联系，在尖叫声中深深地爱上创新发明，一粒粒创新的种子就埋在了每一位孩子

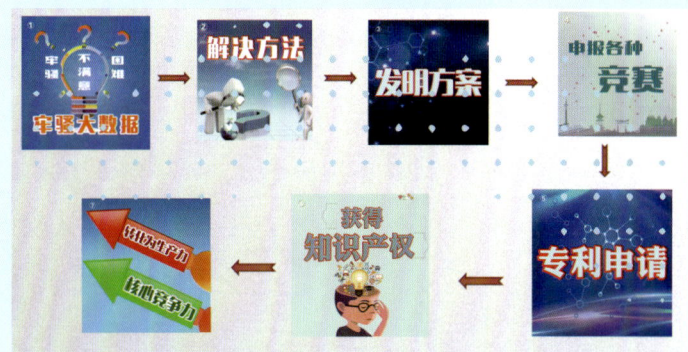

的心里，接下来在不断参与有趣的科普活动中"浇水施肥"，那便是"现在种下一粒热爱与好奇的种子，静待未来一路创新发明的繁花"！

第3步：体验和成长
制作打磨发明作品，参加赛事，申报知识产权。

第2步：探索与创新
我遇到了什么困难？我想发明什么？我想解决什么问题？

第1步：热爱及激情
我好喜欢！太精彩了！我可以做出来吗？我也想做一个！

科普基地的轻发明金字塔模型

温馨提示

基地名称：云南省轻发明科普基地

特色亮点：生活发明、伪科学揭秘、生活周边好玩的科普产品

位置导航：昆明市人民东路东华小区

交通路线：自驾或打车至东华小区；乘坐29路、47路、50路、54路、72路、77路、77路专线、K2路、A3路公交车至"东华小区"站下车
交通路线会随时间发生变化，出行前请查询最新信息

参观贴士：提前联系定制参观；轻发明科普产品包括工程的、自动化的、力学的、生物多样性的……

曲靖市青少年校外科技活动中心

曲靖市位于云南省东部，处珠江源头，素有"滇黔锁钥""云南咽喉"之称。据对宣威格宜尖角洞、富源癞石山旧石器遗址和曲靖珠街八塔台等古文化遗址的科学考证，早在旧石器时代，南盘江流域一带就有人类足迹可寻。三四千年前，曲靖先民就在这块古老的土地上种植水稻，创造文明。

曲靖市青少年校外科技活动中心成立于1986年，与党群服务中心、新时代文明实践中心、社会治理中心合署办公，是市、区共建，区级管理的云南省科学普及教育基地，连续多年被评为"云南省科普宣传工作先进单位""省级优秀教育基地"。

中心建筑面积4.75万平方米，设置了科普广场、科普大讲堂、科普教育基地、人工智能科普园、生命安全健康体验馆、天文观测站等30多个功能区，常态化开展科普集中示范、青少年科普教育实践体验活动，年均开展活动57场次、服务青少年约1.8万人次。其中二楼设置有古筝、钢琴、手工、陶艺、阅览、心理等8个功能室，通过分门别类的课程，融入科普知识，引导青少年德智体美劳全面发展。

在这里，孩子们能在丰富多彩的各类活动中找到自己的兴趣所在。风筝发明于春秋时期，距今已2000多年，相传是墨翟以木头制成木鸟，研制3年而成。这是人类最早的风筝起源。后来，鲁班用竹子改进墨翟的风筝材质，直至东汉期间蔡伦改进造纸术后，坊间才开始以纸做风筝，称为"纸鸢"。到南北朝时，风筝开始成为传递信息的工具。从隋唐开始，由于造纸业的发达，民间开始用纸来裱糊风筝。到了宋代，放风筝成为人们喜爱的户外活动。

在这里，对天文感兴趣的青少年还可以和天文学家一起面对面。位于十二楼的天文台曲靖观测站拥有直径300毫米的牛顿反射

197

式天文望远镜、200毫米米德LX90望远镜,以及直径120毫米的可移动天文望远镜,在省内可谓"得天独厚"。每一次参与天文观测活动,孩子们都兴奋不已。而从小受"'两弹一星'精神、航天精神"的熏陶,或许有一天,他们中也会有人登上"天宫",成为我国航天事业的接班人。

走进生命健康体验馆,这里有交通安全知识答题、安全带撞击体验、交通标识认读等内容,不仅能让青少年了解、遵守交通安全规定,还能让他们充当家庭安全员,叮嘱父母安全行车。安全用电、用火,防诈骗,防诱拐等知识展板则是传授家庭生活中的安全知识,提升青少年独自在家时的安全防范意识。地震小屋里的地震体验平台,则通过声、光、电一体模拟构建的地震体验,让体验者身临其境,前面的显示屏会同步传授地震避险、逃生方法和自救、互救方法,帮助体验者建立面对灾害时良好的心理状态,做出合理的避灾自救行动。在应急救援体验专区,专业的志愿者会传授心肺复苏、海姆立克急救法、应急急救包使用等应急救护知识,提高青少年面临困境的自救能力。消防安全防范更是重中之重,这里有消防标识和相关安全知识展

示、配套虚拟灭火装备、消防知识抢答……互动体验的方式让青少年学习火灾避险、逃生、自救、互救的消防安全理论知识。但如果真遇到火警时，实际情况或许要复杂得多。因此，这里还专门铺设了一条实景模拟逃生通道，逃生通道内有一条红色的警戒线，当体验者在捂鼻弯腰状态下身体高过警戒线时，警报器就会发出刺耳的警报声，提醒通过者动作不规范，只有身体一直保持一定的高度，才能顺利通过通道，保全生命。除此之外，校园活动安全也非常重要，这里还专门就上下楼梯可能遇到的危险以及需要注意的安全事项，强调上下楼梯靠右行走的安全规范。通过7个体验区的安全教育和实际体验，在有了良好安全习惯的同时进一步锻炼青少年在险情发生时自我保护的自觉性，让他们临危不慌。处置方法得当才是保护自己、缔造安全环境的根本所在。

中心始终坚持科普兴趣化，讲科学家的故事、体验科技的力量、分享自己动手的喜悦；坚持内容多样化，亲子阅读、实践体验、知识讲座、科普研学等形式多样，天文观测、无土栽培、航模建模、陶艺展示等内容丰富；坚持活动品牌化，年有计划、月有主题、周有活动，形成"科普讲解大赛""天文观测活动""乡村少年宫帮扶活动""科普活动进校园"等特有品牌活动，多次被评为"科普讲解大赛优秀组织单位"，开展的科技活动周活动连续两年受到全国科技活动周组委会、科技部表彰。如今的中心，已成为面向全市青少年的科普工作的重要窗口和宣传平台。

科普教育之路，中心已经风雨兼程走到了第37个年头。液氮火箭是怎么上天的？气球是怎么瘪掉的，又是怎么鼓起来的？蔬菜怎么变得脆弱不堪？液态薯片为什么那么清凉可口？《西游记》里孙悟空一个筋斗云十万八千里，"筋斗云"怎么做？这些有趣的实验对于科学家而言早已不是问题，但对于求知欲望强烈的孩子们却是新鲜而有趣的，只有寓教于乐才能体验科技带来的惊喜，并在大家的心中埋下一颗好奇、求真的种子，为自己的科学梦想插上翅膀。来吧！中心为你们开辟了一个体验的舞台，插上科学的翅膀，让我们一起腾飞吧！

温馨提示

◉ **基地名称：** 曲靖市青少年校外科技活动中心

◉ **特色亮点：** 科普活动内容丰富，实践体验特色鲜明，一站式向青少年免费提供天文观测体验、人工智能科普体验、航空航天科普体验、生命安全健康体验、民族文化科普教育、党史学习教育、无土栽培科普体验活动。中心每年承办"曲靖市科普讲解大赛"，长期开展"科普进校园"系列活动等

◉ **位置导航：** 曲靖妇女儿童中心

◉ **交通路线：** 曲靖市内乘坐9路、28路公交车至"曲靖妇女儿童中心"站下车，乘坐19路公交车至"麒麟区党群服务中心西"站下车
交通路线会随时间发生变化，出行前请查询最新信息

◉ **参观贴士：**

1. 曲靖市青少年校外科技活动中心免费向公众开放

2. 三楼人工智能科普馆，四楼生命安全健康体验馆、党史馆，五楼民族团结进步示范教育中心的开放时间为工作日 8:30—11:30、14:30—17:00；十四楼天文观测站开放时间为周六、周日 14:30—17:30 以及农历每月的初七、初八、十五 19:00—21:00

3. 需要参观十四楼天文观测站请务必提前1天电话预约（电话：0874-3256756）

4. 请有计划参观的观众朋友合理规划行程

5. 如遇特殊情况开放时间发生变动会提前发布公告至微信公众号（公众号：麒麟区青少年校外活动中心）

为孩子的科技梦插上翅膀
——石屏县青少年校外活动中心

石屏县青少年校外活动中心位于美丽的异龙湖畔，占地面积3197平方米，建筑面积2799.3平方米。中心内建有民族民间展室、3D影院、科普互动室、科普教室、党史国情教育基地等20多个功能室及培训教室，是石屏县设施齐备、规模最大的校外科普教育活动基地。2015年，石屏县青少年校外活动中心被命名为"云南省科学普及教育基地"；2018年成功申报为"国家级研学实践基地"。

在这里，小朋友可以看到中国语音立体地形图，3D立体点读中国地理地形；还能体验没有琴键，也没有琴弦的光琴；还能看到演奏的音乐如何在空气中传播的雪浪声波；还能看到悬浮在半空的悬浮球；还能看到听话的小球在管内循环"跑动"……在这里，科学现象直观地展现在小朋友面前，让他们感知光的反射、声的传播、电的产生、水的循环、能的转化，在娱玩中感受科学乐趣，探求自然奥秘。

科普互动室

3D影院

在这里，《地球脉动》带你对地球上的生物做一次权威性的观察；《家园》带你了解地球的过去和现在；《宇宙——太阳系七大奇观》带你认识地球之外的奇妙景色……3D多功能影院将带你解锁这神秘莫测的宇宙。

承先堂

在这里，你还能了解石屏，传承石屏文化，领略"文献名邦"的魅力与风采，了解石屏先民传统的生产和生活情况，体味蕴含其间最朴实的情感和来自生活的智慧，认识当今时代的进步与生活的富足，从而更加热爱生活，热爱家乡。

203

在这里，我们为小朋友们搭建了广阔的科技平台，带他们参与红色主题模型教育竞赛活动，带他们感悟一段历史，制作一套模型；参观异龙湖生态文化科普陈列馆，开展"我与海鸥交朋友""走进异龙湿地·守护绿色天堂"科普活动；参观、体验石屏豆腐制作流程，了解石屏豆腐的成分及营养价值，了解石屏豆腐独特的点制方法，认识石屏别具一格的豆腐文化；参加触动心跳的科技活动周、科普日活动，展示小朋友科技创新的成果。

研学实践

科技兴趣班

在这里，有适合小朋友的科技兴趣培训班，以培养小朋友的创新精神和实践能力为重点，全面实施素质教育，大力开展科技教育活动，努力提高小朋友的科学素养和科技实践。在这里，小朋友可以接触到更多新鲜事物，通过各种科学探究活动，学会一些科学知识。

它没有琴键，也没有琴弦，却能奏出一首首美妙的乐曲！
- 你想参与科普类竞赛活动吗？
- 你想了解、观察异龙湖的鸟类吗？
- 你想了解神奇的石屏酸水如何点制豆腐吗？

那就快来加入我们吧！
- 只要你走进石屏县青少年校外活动中心，这些疑问都将迎刃而解。

在这里，希望能让小朋友们感受科学的盛宴，把科学的种子播撒在小朋友们的心中，厚植科学精神于这块肥沃的土壤。

温馨提示

◉ **基地名称**：石屏县青少年校外活动中心

◉ **特色亮点**：以参观、体验、实践为主

◉ **位置导航**：石屏县青少年校外活动中心

◉ **交通路线**：2路公交车
交通路线会随时间发生变化，出行前请查询最新信息

◉ **参观贴士**：周六、周日及寒暑假开放；参观时间：9:00—11:30、14:30—17:00

玩转 大理洱海科普教育中心

来大理，先到大理洱海科普教育中心。

这里是洱海科普、洱海保护宣传的重要窗口。

这里是生态环境保护教育的基地。

这里是湖泊保护科研交流的平台。

现在就让我带领大家玩转大理洱海科普教育中心吧！

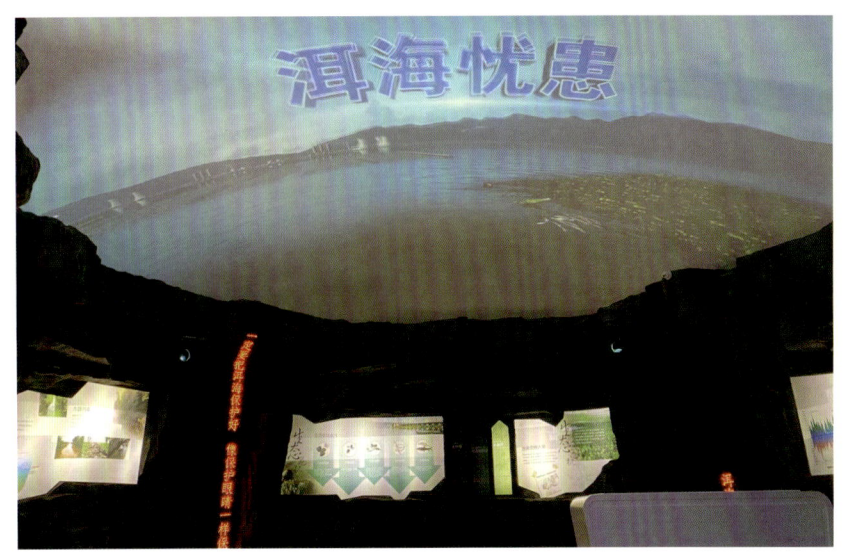

洱海忧患展厅

大理洱海科普教育中心总投资约1.6亿元，占地面积约为6242.95平方米，位于大理市太和街道洱河北路东延伸段以西，地块北接万花路，与大理政务中心和全民健身中心相接，西南面为苍洱天籁住宅区。乘坐支1路、23路、崇圣寺三塔专线公交车到达全民健身中心站，再由万花路转向洱河北路就能看见它了！中心建筑面积达9890.36平方米，为地上局部三层、地下一层的建筑。展馆一层由"序厅""洱海溯源""洱海保护"3个主要展区组成。

走进展馆正门，首先映入眼帘的就是2015年1月习近平总书记到大理视察的珍贵照片。习近平总书记非常喜欢洱海的秀美风光，作出了"立此存照，过几年再来，希望水更干净清澈""一定要把洱海保护好，让'苍山不墨千秋画，洱海无弦万古琴'的自然美景永驻人间"的重要指示。大理时刻牢记习近平总书记的嘱托，严格按照省、州党委、政府对洱海保护工作的部署安排，既要金山银山，更要绿水青山，持续开展洱海流域环境综合整治，迅速启动洱海保护治理"七大行动""八大攻坚战"，将生态文明不断向纵深推进。

序厅洱海记忆版面，通过新老照片的对比，展示了大理的城市变迁、文物保护、洱海今昔，使岁月的回忆流淌于每个人的心间。

展览第一部分"洱海溯源"，着重进行洱海地理、人文、自然的科普。我们可以看到洱海形成的动画演示，也能看到陈列的各种生产生活用具以及洱海湿地生态系统的立体还原。

在"洱海忧患"展厅，除系统阐述洱海

面临的水量危机、生态危机和水质危机外，展馆还准备了立体感十足的穹顶影片《寻找弓鱼》，让你仿佛置身洱海湖底，感受曾经作为皇家贡品的洱海土著鱼类——大理裂腹鱼——随着洱海水环境水生态的变化逐渐消失的切肤之痛。

"洱海保护"展区从千百年来生活在洱海边的各族人民形成的一系列乡规民约、生产生活方式说起。这个区域准备了三个互动小游戏：迷宫探秘，呼吁大家减少使用纸杯，保护森林；浇灌葵花，让小朋友们认识到清水和污水对植物的不同影响；科学洗漱，使节约用水观念深入人心。

在"洱海保护工作历程"展区，完整呈现洱海保护工作的三个阶段，从"一湖之治"到"流域之治"再到"生态之治"，大家可以清晰地看到近年来州市党委、政府在治理洱海方面做出的努力和取得的成果，充分认识洱海保护治理的长期性、艰巨性和复杂性，促使全民关注、关心洱海保护治理，让"洱海清、大理兴""像保护眼睛一样保护洱海"真正成为大理人的共识和自觉行动。

走进一楼偏厅，等待大家的是一场360度真人比例全息秀，它的播放设备十分特殊，是一个金字塔形的全息反射膜。它的神奇之处就在于，透明的膜屏在播放影片时互不干扰，但不播放影片时人们却可以透过它看到对面的人。《洱海畅想》影片呈现了一场金花与洱海和谐相处的视觉大秀，演绎"人湖共谐"的美好画面。

《苍洱大观》数字沙盘

听风赏月幻影走廊

大理裂腹鱼标本

《洱海畅想》

二楼核心展项是全景式数字沙盘《苍洱大观》,其效果的独特之处在于,墙面与地面联动,动态直观地展示洱海自然数据、洱海治理与保护历程、洱海未来规划等,将洱海的过去、现在、未来融为一体。

展厅负一层为生态和互动展厅。你可以在秀美洱海欣赏白族传统手工艺品扎染和刺

洱海鸟类标本

绣，也可以通过沉浸式人体自动感应装置聆听洱海的声音；听风赏月欢迎走廊带你领略洱海的绝美风光，体感拍照装置还可以为你的旅程留下美好的回忆。

　　大理洱海科普教育中心标本馆是青少年观众了解、学习洱海流域生态系统的现场课堂，是专家学者调研、查询的研究室。生物标本和图文展板等方式直观呈现了161种洱海周边区域岩石、矿产资源标本和

洱海水生植物标本

334种生物标本。

左图就是堪称"镇馆之宝"的大理裂腹鱼标本。大家是不是非常好奇裂腹鱼名称的由来呢？其实裂腹鱼是鲤科大家庭的一员，它们身被细鳞或裸露，但在肛门和臀鳍的两侧各有一列特化的大型臀鳞，被这两列大型臀鳞夹着的腹中线看起来像形成了一道裂缝，所以才叫裂腹鱼。俗称弓鱼的大理裂腹鱼，仅分布于洱海流域和澜沧江流域，受到环境变化和人类活动的影响，我们已经很久没有在洱海中发现弓鱼的身影了。

寓教于乐一直是大理洱海科普教育中心秉承的理念，所以我们在标本馆也设置了多种多样的互动展项：水禽家园，让洱海边的鸟儿们进行"自我介绍"；水底世界，转动扫描装置，就可以了解好几种洱海鱼类；拼鱼游戏，让你通过拼图来亲手营造"清水绿岸，鱼翔浅底"的美妙画面；趣味课堂，通过答题的方式来巩固本次科普之旅学到的知识。

温馨提示

- **基地名称：** 大理洱海科普教育中心
- **交通路线：** 乘坐支2路、23路公交车至"全面健身中心"站下车即到
交通路线会随时间发生变化，出行前请查询最新信息
- **参观贴士：**
1. 基地免费对外开放
2. 周一闭馆，周二至周五 14:30—17:00，周六、周日及法定节假日 09:00—11:00、14:30—17:00

211

让科普之花在"银都水乡"绽放
——大理白族自治州鹤庆县青少年校外活动中心

在云南省大理白族自治州的北端,有一座美丽的县城——鹤庆县。这里是滇西旅游线路上的重要节点,是茶马古道上的重镇,因当地人民擅长银器手工艺加工,素有云南"民间工艺之乡"的美称。鹤庆县境内地下水资源较为丰富,有白龙潭、黄龙潭等数百个泉潭,有漾弓江、海尾河等河川,让鹤庆有"高原水乡""银都水乡"的美誉。这些纯净的泉潭、奔腾的河流孕育了一代又一代勤劳智慧的鹤庆人民。

坐落在鹤庆县城的青少年校外活动中心由教育部重点扶持、国家彩票公益金资助、县人民政府共同投资建设，于2008年建成并投入使用，于2019年3月搬迁至文庙公园四合院，是以青少年为主要服务对象的公益性校外教育培训基地。中心设有舞蹈室、多功能室、钢琴室、书法室、绘画室、网络教室等多个专用教室和室外活动区，是全县青少年学生开展校外活动的主阵地。2009年8月26日，中心被云南省人民政府命名为云南省第七期"科学普及教育基地"，2012年被云南省青少年校外教育工作联席会议办公室评为"云南省示范性青少年校外活动场所"。中心以"活动启迪智慧，快乐成就未来"为宗旨，利用课余和节假日积极组织广大青少年的德育、体育、美育、科技等方面的素质教育活动。

这里有丰富多彩的科普培训活动，通过科普大篷车进校园、科技流动馆、科普知识讲座等活动让科学走进千家万户，激发学生学科学、用科学、爱科学的热情。中心先后开展了多次不同主题的活动：节粮活动，科学饮食、健康生活，我的低碳生活，节水活动，我爱绿色生活，太空架豆的种植，科学实验，创客体验等系列活动。越来越多的学校、越来越多的孩子加入这些活动中。

2020年6月3日上午，由鹤庆县科协主

办、县教体局青少年校外活动中心协办的科普大篷车进校园活动在辛屯镇双龙小学举行。活动以互动、展示、体验等形式为全校234名师生带来了丰富多彩的科技大餐,通过亲身体验让同学们感受到了科技的魅力和神奇;同时邀请了县老科协副会长、县关工委义务指导员任元富老师给同学们讲授"众志成城,抗疫防病"科普知识,并捐赠科普图书500余册。

中心常年认真抓科技示范学校建设。学生科技创新能力的培养始终是云鹤镇中心小学引人瞩目的特色教育之一,学校走出了一条适合学生科技创新能力培养的新路子。学校以青少年科学调查体验活动为主线,以云南省青少年科技创新大赛、全国青少年科学影像节活动、大理州青少年儿童机器人运动创新大赛暨巴斯机器人运动挑战杯比赛为重要活动平台,以兴趣小组为活动主阵地,抓实课堂实验,校内校外联动,稳步推进学校的科普教育活动。学校先后荣获2017—2022年"云南省科普教育示范校"、全国青少年科学调查体验活动优秀实施学校等殊荣,被确定为全国青少年科学调查体验活动推广示范校。在第二十二届到第三十五届云南省青少年科技创新大赛期间,先后有159名教师和554名学生获奖。学校机器人代表队连续6年荣获省级一等奖和1次全国二等奖。在大理州青少年儿童机器人运动创新大赛暨巴斯机器人运动挑战杯比赛中,云鹤镇中心小学代表队屡获佳绩。以云鹤镇中心小学为龙头,中心已将鹤庆一中、松桂小学、云鹤小学、草海镇中心小学等学校列为重点,大力推进

未成年人科学素质行动的试点示范工作。

中心采取多种渠道对教师进行业务培训，积极指导、培养教师开展科技活动，同时组织有关教师参加科技类进修和培训，听省内外教育专家作学术报告，学习先进的教育教学理念，采用"走出去""请进来"等多种形式，学习他人先进的教育教学经验，努力打造一支能力较强的科技辅导教师队伍，让科技辅导教师具有团结协作、求实奉献精神和基本的活动组织辅导能力，勤于实践，工作有实效。在中心的努力下，一批科技教育骨干出现了，这样一批科技教育的领头雁，有力地推动了全县的科技工作。

科普教育永远在路上，任重而道远。鹤庆县青少年校外活动中心将不断创新，大胆作为，让科普之花在"银都水乡"遍地绽放。

温馨提示

- **基地名称：** 大理白族自治州鹤庆县青少年校外活动中心
- **特色亮点：** 青少年校外活动中心
- **位置导航：** 云南省大理白族自治州鹤庆县云鹤镇文庙公园四合院
- **交通路线：** 自驾或打车（导航到"鹤庆县文庙公园城墙东边停车场"，步行1分钟即到）
- **参观贴士：** 免费开放；开放时间：8:00—11:30、14:30—17:30

215

探究气象奥秘，解锁气象万千

——德宏州气象局科普基地

德宏州在古代是"勐达光"（哀牢国）的一部分。"德宏"是傣语的音译，"德"意为"下面"，"宏"意为"怒江"，"德宏"的意思就是"怒江下游的地方"。歌曲《有一个美丽的地方》描绘的就是傣乡——科普基地的所在地德宏。

德宏州气象科普教育基地位于气候宜人、风景秀丽的州府芒市,基地占地约2万平方米,科普场馆和参观面积2600平方米,2005年6月被云南省人民政府命名为"云南省科学普及教育基地",2009年、2015年被中国科协命名为"全国科普教育基地",2019年被中国气象局命名为"全国气象科普教育基地",2022年被中国气象局评为"2022年度优秀全国气象科普教育基地"。

在这里,有着代表先进气象科技水平的设施设备和业务系统,如多普勒天气雷达、风云气象卫星、地面自动气象观测站、区域气象监测站网、人工影响天气中心、天气预报预警中心……走进德宏州气象科普教育基地,你可以学习气象知识、探索气象奥秘,目睹气象现代化监测设施建设,解谜卫星、雷达"捕捉"云雨雷电的方法,了解天气预报的制作流程,体验做一名气象观测员的乐趣……"纸上得来终觉浅,绝知此事要躬行。"出发吧,我们一起来参观……

在这里,首先是"看"中学:展厅内有15块展板,构成了33米长的宣传长廊,对德宏气候概况、气象科普知识、气象探测、人工影响天气、气象防灾减灾、气象公共服务、德宏农业气候区划成果、全州5县(市)台站风貌等进行展示介绍。实物展台上则陈列有代表着气象业务发展变迁的各类气象仪器设备60多台套。多媒体科普影视厅可以观看各种气象科普知识展播。

其次是"动"中学:馆内设有天气现象竞猜互动墙,气温、气压、风向风速等观测互动项目,"呼风唤雨"互动设备等。参观者既可以学习气象知识探究自然奥秘,又可以零距离互动体验。气象设备模型拼装活动尤其吸引人,边拼边学,既增强青少年参与科普互动的乐趣,又加深了他们对气象科学知识的印象。

"天有可测风云。"只要你参观完德宏州天气预报预警中心后,就会颠覆你对气象预报原有的认知。气象卫星云图、雷达图、

高密度乡镇自动雨量站实时资料、全球大气流场的模拟流动图在大屏上的各种演示，在现代科技支撑下如何实现"监测精密、预报精准、服务精细"，带你揭开气象预报神秘的面纱。你可以了解预报的分类，还能学会天气预报预警的获取方法，并利用气象信息科学指导生产、生活。

人影指挥中心1∶50000的德宏辖区实景沙盘，凭栏俯瞰沙盘，"一览众山小"，德宏的山川沟壑尽收眼底，沙盘上星罗棋布地标识着全州120多个各类气象观测站、45个标准化人工增雨防雹作业站、2个天气雷达站。在工作人员的介绍下，参观者不仅可以直观欣赏德宏的美好山河，还可以对气象部门现代化建设成果及站网布局有一个全面的了解。在这里，工作人员会向参观者讲解人工增雨、防雹的工作原理，讲述不同雷达图上的云层高度和水汽含量，什么样的云是冰雹云，工作人员是怎样利用雷达资料科学有效指挥人工影响天气作业的等。

而在芒市国家气象观测场，参观者可目睹各种气象要素的人工和自动观测的各类气象仪器，并在专业观测员的讲解和指导下，尝试着观测云量、云状、云高、气温、降水量等气象要素值；也可以体验当一回气象观测员，直接从电脑上自动获得实时的上述气象要素值，感受气象科技发展的日新月异。

多普勒雷达是目前世界上最先进的雷达系统，有"超级千里眼"之称。它是监测强对流天气最有效的工具，冰雹、雷暴大风、降雨在哪儿发生、何时发生、何时停，都可以清楚监测。

德宏州天气雷达站建在离芒市城区 45 千米、海拔 2050 米的芒市江东乡李子坪村。这里山峦叠翠，风景优美，你可以近距离参观气象多普勒雷达高科技设备，深入了解雷达"追踪"风雨雷电的原理和探测应用；还可以饱览四周秀美山川，冬季可看日出、观云海，夏季还是避热消暑的好地方。此外，这里具备一定的生活设施，活动场所宽敞，是青少年开展课外研学活动的好去处。

参观德宏州气象局科普基地，学习气象科学知识，探索气象奥秘，了解气象科技发展，提高防御气象灾害的风险意识……你还等什么呢？赶紧行动起来吧。

温馨提示

◉ **基地名称：** 德宏州气象局科普基地

◉ **特色亮点：** 学习气象知识；参观气象现代化的设施设备；观摩天气预报的制作过程，了解人工增雨防雹的作业流程，互动体验气象观测的乐趣等

✚ **交通路线：** 州外：可乘飞机至芒市机场，芒市机场转车行 5~6 千米到达德宏州气象局即可。州内：开车或坐车到芒市团结大街 167 号（德宏州气象局）即可

❗ **参观贴士：** 全年工作日均对公众免费开放（联系电话：0692-2101033）

 # 腾冲气象科普基地

  腾冲市气象局是国家基准气候站，1951年建站，是全国文明单位，自2005年开始着手科普基地的建设，在上级政府和主管部门的支持下，经过十余年的工作经验和实物积累，整个基地的建设已初具规模，获得"中国科协科普教育基地""中国气象局科普教育基地""云南省科普教育基地""云南省环境教育基地""腾冲教体局首批研学基地"称号。基地现有讲解员8人，除提供讲解服务外，还面向社会开展"五进"科普宣传活动。

气象台及预报服务平台简介

基地建筑面积400平方米，主要包括地面自动观测控制平台、高空探测控制平台、预报预警分析发布平台及远程视频会商系统等。在这里，你可以了解天气预报分析、制作，卫星和雷达的使用等知识。

221

陈列馆简介

　　现规划的科普基地占地5000多平方米，分为室内馆和室外馆两部分。场馆面积为1100平方米（其中展室面积为400平方米），有历史仪器设备238件、历史照片55张、百年气象观测资料曲线图、宣传展板45块；现用仪器30件、雷达3部；有100余年的气象资料（1899年，英国在腾冲设立领事馆，之后开始气象观测记录）。在这里，你可以了解中国气象科技现代化的发展历史。

地方气象服务防灾减灾平台简介

针对腾冲气象灾害情况，基地建立了预报预警信息发布、重点行业防雷检测、人工增雨防雹系统。参观这里，你可以了解预警信息的使用、人工影响天气的原理和雷电防御的知识。

掌握腾冲天气
扫码关注微信号

> **温馨提示**
>
> ◉ **基地名称：** 腾冲气象科普基地
> ◉ **特色亮点：** 以宣传气象与人、人与环境、气象与环境和谐发展为理念，普及气象防灾减灾知识，提升受众对学科学、爱科学、用科学的认知
> ◉ **交通路线：** 位于腾冲市腾越街道洞坪社区，7路公交车终点站
> 交通路线会随时间发生变化，出行前请查询最新信息
> ◉ **参观贴士：** 面向社会团体、学校，全年免费开放

玩转科普基地，圆梦蒲公英
——临沧市临翔区青少年学生校外活动中心

临沧是中国"恒春之都"、中国十佳绿色城市、中国最美生态旅游城市、中国避暑旅游城市、中国最佳适宜居住城市、国家森林城市，还是世界茶树和普洱茶的原产地，茶叶品质世界一流，"滇红茶""冰岛茶"扬名海内外。

临沧市临翔区青少年学生校外活动中心位于临沧市主城区，属2001年国家扶持建设项目，占地面积5328平方米，建筑面积4460平方米，总投资800多万元。2004年11月开工建设，2005年11月竣工并交付使用。活动中心设有图书室、书画室、舞蹈室、器乐室、摄影动漫室、青少年科学工作室、办公室，建有多功能笼式运动场、心理咨询室、茶艺室及夏令营营地，开展经常性、大众化、实践性强的公益免费活动，如乐高WeDo2.0机器人编程、新劳动实践教育活动（科学种植）、篮球、足球、柔道、茶艺、舞蹈（佤族舞蹈）、"创新·实践"线上展示课、书法、手工折纸、射箭、小主持人、器乐、养生小课

堂等特长培养活动。2018年以来，中心安全组织举办30多期大型活动，参加各种活动的青少年达8万多人次，让多元化的活动惠及青少年，提高了青少年的综合素质，培养了青少年的创新实践能力，充分体现校外活动中心的公益性。

中心于2010年被命名为"云南省示范家庭教育指导中心"，2012年被评为"云南省示范

性青少年校外活动场所"，2013年被云南省人民政府确定为"云南省科学普及教育基地""青少年思想道德研究基地"。2016年6月，在区妇联、区教育局的关心、帮助和指导下，中心挂牌成立"儿童之家"示范点；2012年至2020年均荣获"云南省青少年校外活动场所检查评估'省级优秀'"称号。

在这里，孩子们总能在丰富而有趣的活动中愉悦成长。中心组织"HAPPY HOUSE"暨"益脑健体·传承文化"公益活动走进临翔区凤翔街道文华小学。"新劳动教育"暨"亲子厨艺比赛"实践活动，目的是让青少年学生在自由欢乐的氛围下，与家长共同参与各项活动，增进家长与子女之间的情感交流，体验厨艺乐趣；引导他们养成良好的膳食习惯，拓展生活常识，培养生活情趣，提高实践动手能力。"圆梦蒲公英"公益性兴趣活动是为学生提供学习各种艺术及兴趣特长的机会，有利于培养学生的兴趣爱好和艺术启蒙。

在这里，为了让更多的青少年共享社会教育的资源和成果，从而点亮梦想的灯塔，中心坚持开展内容多样的亲子阅读、实践体验、知识讲座、科普研学等，以"感悟自然·实践成长"为主题的"圆梦蒲公英"暨"新劳动教育"实践活动，设有STEM课程——让学生自己做饭，从准备食材、餐具开始，让学生分小组制作、记录、分享、品尝、评价；篝火晚会；户外实践劳动——登山、寻宝、拾柴火体验；合作搭建帐篷；种植体验及野炊等系列活动。学生们通过合作、探究、服务、制作、体验等方式，亲近了大自然、拓宽了视野、丰富了知识。

温馨提示

◉ **基地名称：** 临沧市临翔区青少年学生校外活动中心

◉ **特色亮点：** 彰显个性的假日乐园，开启智慧的文化高地，常年开展"圆梦蒲公英"公益活动

⦿ **位置导航：** 云南省临沧市临翔区洪桥路109号

⛨ **交通路线：** 自驾；乘坐6路公交车

交通路线会随时间发生变化，出行前请查询最新信息

⛨ **参观贴士：**

1. 研学实践教育活动在寒、暑假开展

2. "圆梦蒲公英"暨"新劳动教育"实践活动于每年的3月、9月开展

3. 参观时车旅及饮食费用自理

探索人体的奥秘
——老年病科普基地

　　我们人类身上有光吗？你想知道我们每立方厘米的骨头能够承受多少重量吗？你知道为什么我们早上高而晚上矮吗？你知道人脑每天可处理多少条信息吗？你虽然知道我们全身每个器官之间都是相关联的，但是它们关联的途径是什么呢？你知道有一种血浆可以使人体损伤得到恢复吗？要想了解人体更多的奥秘，就让我们一起走进老年病科普基地开启探索之旅吧！

昆明市北京路292号云南省第三人民医院内,有一个专门向老年人宣传和普及老年疾病预防知识的场所——老年病科普基地。这里为大众提供专业的老年病科普知识,其学科领域齐全,包括老年医学、心理健康、营养保健、运动康复等。在基地参观探访过程中,你可以了解到不同领域专家的最新研究成果。基地注重互动性的体验,除了传统的科普讲座以外,还推出了各种交互式学习工具,生动直观地展现老年病的发病机制和预防、治疗方法,深受观众喜欢。此外,基地还推出了问答互动、参观实践、看板解说等活动,实现了知识普及和资源共享,让老年人和大众更深入了解和应用科学的养生知识。

在这里,有一处特别的展区,展示着各种人体模具。这些模具栩栩如生,让人仿佛置身于真实的人体之中,非常引人入胜。

心脏模具展现了心脏的每一个细节和结构,包括心脏的大小、形状、血管和瓣膜等,以及它们如何协同工作。它将让你深入了解人体的重要器官——心脏,探索心脏的构造和功能,了解心脏疾病的防治知识。你可以仔细观察每一个细节。

人体所有的血液都要通过心脏,也就是说心脏是血液循环的枢纽。它就像一个水泵,推动血液进入血管,这些血管如果从头到尾连起来,有9.66万千米长!心脏内有四个腔和四个心瓣,它通过两种途径获得血液——肺部的带氧血液、身体上的不带氧血液,然后将这些血液输送到不同的部位。

无氧的血液会被输送到肺部,重新置换,然后再输送到身体的各个部位,用于细胞和组织的营养供给。心脏还能保证体内外温度的传递。因为体内所有的能量代谢主要发生在内脏里面,这种状态下会产生大量的热,如果这些热量散发不出来,就像汽车发动机,如果热量散发不出来就容易坏掉一样,人也会生病甚至死亡的。那么热量怎么散发出来呢?当然是通过血液循环,就像汽车的制冷系统一样把热量带出来以便调节内外的温度。

在这里,不仅能看到健康心脏的模型,还能看到病变心脏的模型。这个病变心脏模型展现了常见的心脏病变,如冠心病、心肌梗死、心律失常等。通过观察这个模型,你可以更好地了解这些疾病的症状、原因和预防方法,帮助你更好地保护自己的心脏。

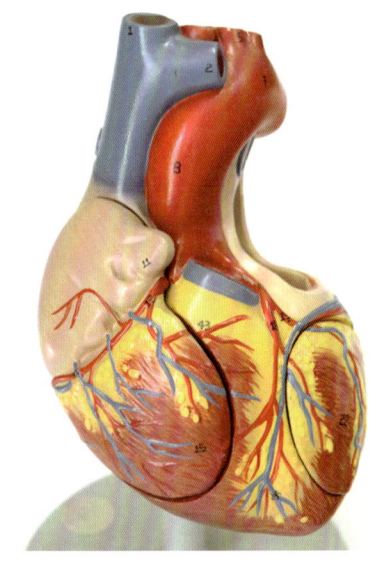

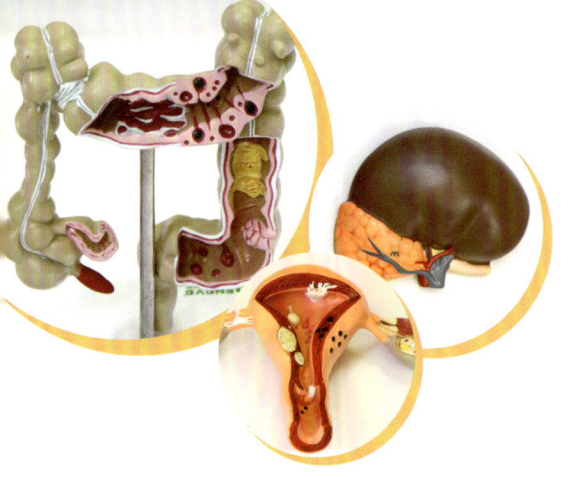

当然这里还有人体其他器官的模型,如脊柱、骨盆、腹腔脏器等。这些模型都是经过精心制作和设计的,让人们可以更加深入地了解人体各系统器官的结构和功能。如果你对人体解剖学和健康知识感兴趣,那么一定不能错过这个精彩的展览。

在这里,你还可以亲身感受人类呼吸、心跳的神奇之处。通过体验多个模拟人呼吸、心跳的模具、设备,你可以感受到不同情况下人体的不同反应。比如,高海拔地区呼吸困难的感觉,慢性阻塞性肺疾病患者的呼吸困难程度。同时,你还可以亲自检测自己的心跳,了解什么样的心跳是正常的,什么样的心跳是异常的。此外,展馆还设置了多个互动环节,让你更好地了解老年病的防治知识。我们的专业医生将为你讲解老年病的预防、治疗、护理等方面的知识,同时还会为你答疑解惑。

心肺复苏是一项非常重要的急救技能,它可以挽救生命。在这里,你可在逼真模拟人身上体验心肺复苏的操作流程。专业人员

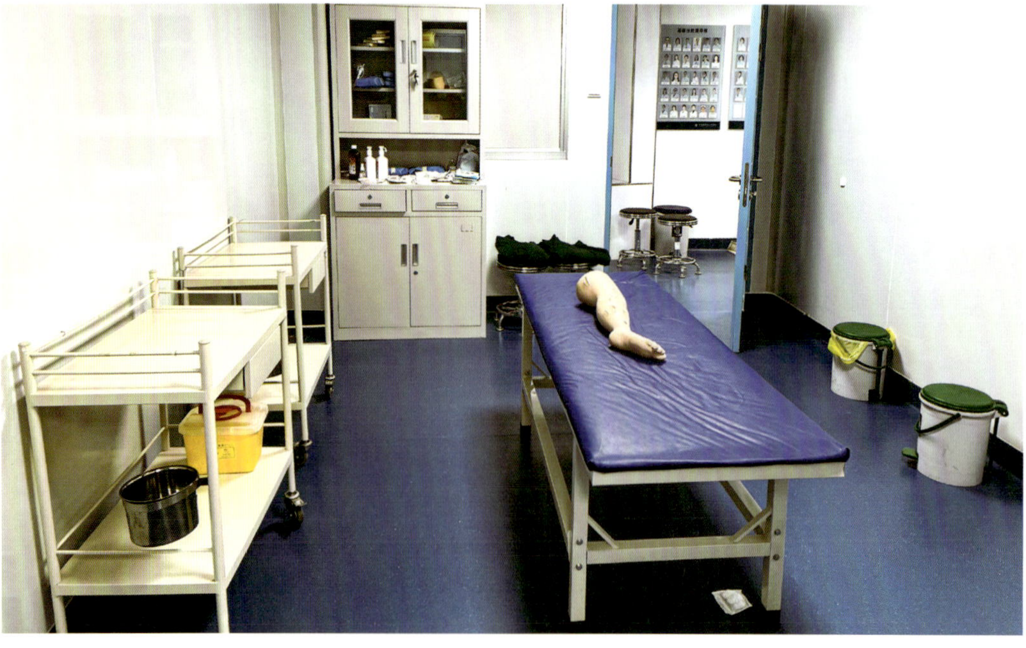

会指导你正确地使用自动体外除颤器，按照正确的步骤进行实际操作。同时，基地还提供了各种常见急救场景的模拟，让你在真实的情境中进行操作练习，从而更好地掌握这项技能。

关爱自己，尊重生命。过去在人们的印象中，患糖尿病、高血压、脑卒中等疾病的以老年人居多，可如今确诊患者越来越年轻化。最新流行病学调查显示，目前中国儿童糖尿病的发病率达十万分之六，且年发病增长超过14%。2019年发布的《中国中青年心脑血管健康白皮书》指出，20～29岁群体在患病及高风险人群中，占比已达15.3%。健康是促进人的全面发展的基础条件，不仅关乎自己，而且关乎家庭。"老年病"年轻化不仅给当事人的身心带来痛苦，而且直接影响其工作和生活。

预防重于治疗，只有对自己的身体有更多的了解，才能拥有健康的体魄，才能有美好的生活。

温馨提示

◎ **基地名称**：老年病科普基地

◎ **特色亮点**：互动体验，深入了解人体结构、功能，科普老年疾病预防知识

◎ **位置导航**：云南省昆明市北京路292号云南省第三人民医院

◎ **交通路线**：乘坐地铁1号线、2号线、6号线到"塘子巷"站；2路、23路、26路、47路、83路等公交车至"和平村"站

交通路线会随时间发生变化，出行前请查询最新信息

◎ **参观贴士**：免费开放；工作日参观需先预约，预约电话：0871-63194258

蒙以养正，
让孩子在祖国医学的浸润中健康成长
——云南省中医药文化科普基地

五千年　中医药　民族魂　世瑰宝
如松涛　似林茂　医之道　贵为精
药之效　重在真　有淞茂　中医馆
荟名医　开良方　选好药　济百姓

——《淞茂中医三字经》

鹿仙草

普洱市位于云南省西南部，地处低纬高原山地，全区山地面积占98.3%，气候和环境多样性显著，适宜多种植物生长，是北回归线上最大的绿洲。全市拥有国家级保护珍稀植物58种，已知的药用植物1000余种，属国家重点普查的药用植物309种，具有发展中药材种植的中药与民族药资源优势，被我国中医药专家称为"国内石斛、龙血树、灯台叶树等药用植物生长条件最适宜的地方"，享有"生物药库""动植物王国""怀金孕宝"的美称。

淞茂中医药文化科普基地由普洱淞茂中医馆有限公司创建，2016年3月落成。2018年7月被云南省卫计委确定为"省级中医药文化宣传教育基地"，2022年2月被云南省科技厅认定为"第十三批云南省科普基地"。近7年来，中医药科普教育工作的开展颇有收益，得到群众的认可，越来越多的人对中医药有了认可和喜爱，还有社会各阶层的广泛关注，特别重要的是越来越多的少年儿童走进了学习中医药的课堂，成为中医药文化的志愿者、传播者。

淞茂中医馆文化科普基地以3.33平方千米淞茂谷林下中药材种植基地、医馆精品药材展示区、淞茂中医药科普馆、淞茂制药中药研发成果展示厅（中医药博物馆）为载体，通过"四个一"科普工程打造，助力中医药文化的启蒙教育：构建了一套"中医药特色文化启蒙"课程体系，以小学生听得懂的语言为他们讲解中医药故事；建设了一个"中医药产学研"科普基地，以原药材种基地、中医药博物馆，让学生在动手培植过程中加深对中药的了解，体验种植乐趣，增强动手能力；打造了一个"小小中医志愿者"服务品牌，宣传学中医、爱中医、用中医，让更多的少年儿童成为中医志愿者；创建了一套"中医小郎中"实景沉浸式体验系列活动，让学生零距离体验中医"望、闻、问、

切"特色诊疗手法和接触中草药标本、中药饮片以及中药炮制工具和流程等,更加直观地感受中医药的魅力。

此外,基地积极开展包括"中医养生科普讲座""中医小学徒""中医望闻问切诊病奥秘""认识穴位""衣冠疗法中药香囊制作""爸爸带我识药根""山林里的维生素""你身边的草本植药"等在内的科普教育工作。

民间曾有"戴个香草袋、不怕五虫害"之说。战国时期的人们已经在香囊中装艾草、雄黄等物,以起祝福、辟邪、驱虫等功用。《红楼梦》中贾宝玉和林黛玉第一次闹别扭就是林黛玉"铰香囊"。中药香囊源自中医里的"衣冠疗法",所谓衣冠疗法,是利用穿着的衣帽、鞋袜或饰物将药物佩戴在身上,通过呼吸道或皮肤吸收而发挥其防病治病的作用,是中医外治领域一种古老的治疗方法。唐代孙思邈《备急千金要方》、明代李时珍《本草纲目》等古籍都有相关记载。艾草、白芷、藿香等中草药的有效成分对细菌、病毒有不同程度的抑制和杀灭功能。香囊的功效有驱蚊、提神醒脑、养心安神等。

俗话说："普洱人克山里，随便一屁股坐下克就会坐着药啦！"（克，方言，音kè，"去"之意）如淞茂谷的鹿仙草（别名：不上莲、通天蜡烛、石上莲、山菠萝。拉丁名：*Balanophora involucrata* Hook. f，为蛇菰科蛇菰属植物筒鞘蛇菰，拉丁植物动物矿物名：*Balanophora laxiflora* Hemsl），可谓"山中精灵"，稀少而珍贵，除了药效显著外，雌雄异株的它对生长环境要求极为苛刻，其孕育有极大的偶然性，常寄生在豆科植物猴耳环的根瘤上，利用猴耳环树的营养生长。野生鹿仙草的授粉过程依靠风和小昆虫来完成，没有阳光小昆虫就不会出现，而阳光照射太强，鹿仙草就会死亡，因而在授粉期间，要求环境的阳光照射范围不得超过20%。

相对鹿仙草而言，石斛的名气要大得

多，在这里，可一次性见到鼓槌石斛、金钗石斛、铁皮石斛、球花石斛、黑毛石斛等10余种。石斛生长喜阴不喜湿，但水分也不能太多，否则容易糟根。生活环境要求的是散射光，不能是大面积阳光直射，湿度、温度都要在一定范围内才能生长开花。附着在石头上的鼓槌石斛锁钙功能更好，鼓槌石斛的生长特点也是"石斛"名称的来源。

和鼓槌石斛套种的是南山不老松——龙血树，其树干上的树脂就是龙血竭的来源。龙血竭被称为"云南红药"，能和"云南白药"相媲美。

2000多年前，非洲人发现龙血树的树脂敷在伤口上能止血。1972年，我国著名植物学家蔡希陶在云南省普洱市孟连县境内发现了大片的龙血树，这也是我国至今保存最完整、储量最大的龙血树群落。从此以后，国产血竭才得以诞生，且疗效优于进口血竭和以棕榈科植物（国产为龙舌兰科）为原料加工的血竭，填补了我国医药史上的一项空白。

在这里，为保障林下种植药材的质量，基地引入了"7S"，即中药材全程保真质量控制体系，由第三方溯源查询平台认证，从道地药材认证、种源认定和生长环境保护、保真标准化药材加工、保真标准化检测、保

真规范化包装、保真恒控仓储、"7S"道地保真全程溯源。每一步都有跟踪，有产品"身份证"，一盒一码，手机扫一扫，全程可追溯。

"蒙以养正"民族文化传承的根基和希望在孩子，只有从小学习中医药文化，树立正确的健康意识和养生观念，做到养生保健从小抓起，才能为孩子一生的健康打下坚实基础，淞茂中医馆文化科普基地会一直为之倾尽全力！

温馨提示

◎ **基地名称：** 云南省中医药文化科普基地（淞茂中医馆）

◎ **特色亮点：** 以 3.33 平方千米林下中药材种植示范基地、中医馆精品药材展示基地、淞茂中医药科普馆、淞茂制药中药研发成果展示厅（中医药博物馆）的大健康产业链，为广大科普爱好者提供形式多样的中医药科普研学活动、中医药文化教育等工作

◎ **位置导航：** 普洱市思茅区茶城大道46号淞茂中医馆

◎ **交通路线：** 火车站乘3路公交车到达思茅区幼儿园，向东行150米到达 交通路线会随时间发生变化，出行前请查询最新信息

❗ **参观贴士：**

1. 基地全年开放，淞茂谷和淞茂制药博物馆以及以团队为单位的科普研学活动需提前联系

2. 药材种植基地根据季节、开展科普课程不同，科普爱好者可根据需求联系参观

3. 基地研学活动根据需要开展的项目及交通等收取费用

4. 基地联系电话：0879-2122993

门票

本书内含科普基地提供的儿童门票兑换券，可兑换同等价值入园门票（兑换券的解释权归各家基地所有），每张兑换券仅限一名儿童使用一次，剪角作废。

活动兑换券

本书内含科普基地提供的活动兑换券，每张兑换券标注有可兑换内容（兑换券的解释权归各家基地所有），每张兑换券仅限一名儿童使用一次，剪角作废。

盖章打卡

小朋友们可以带着本书到46个科普基地盖章打卡，神秘奖品等着你哦！更多科普活动，请关注各个科普基地的官方微信公众号进行了解。

附件：盖章打卡、门票及兑换券

云南省博物馆科普基地

云南铁路博物馆

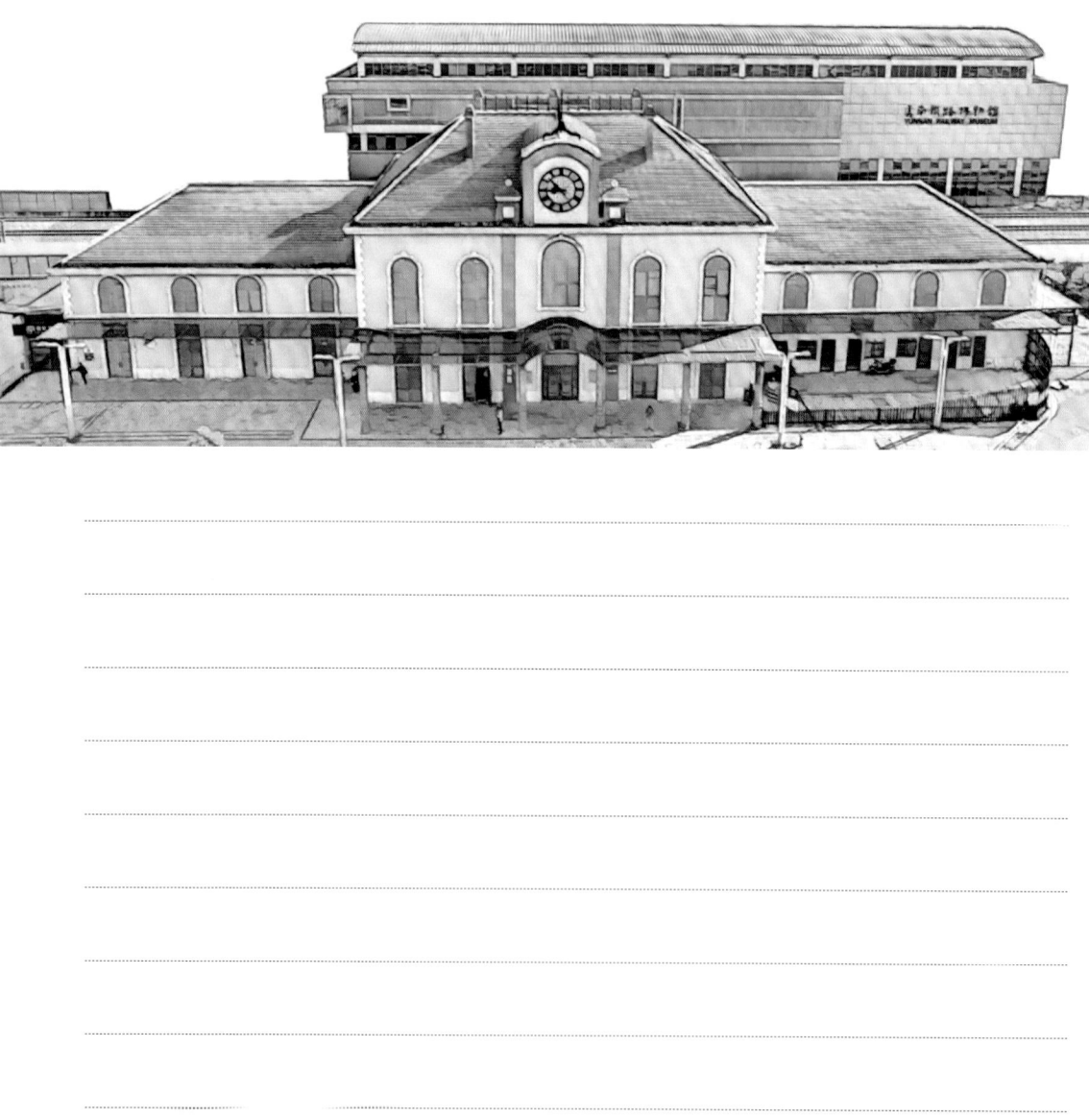

澄江化石地自然博物馆

石林石得利地质博物馆

昆明少年儿童图书馆

昆明动物博物馆

中医药民族医药博物馆

天外天科普基地

昆明理工大学地学博物馆

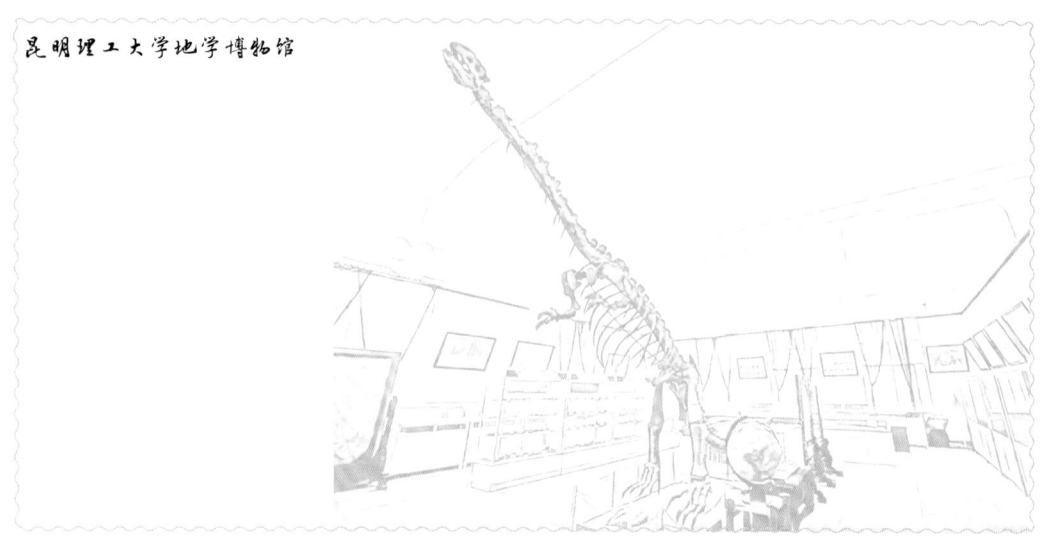

西南联大数学文化馆

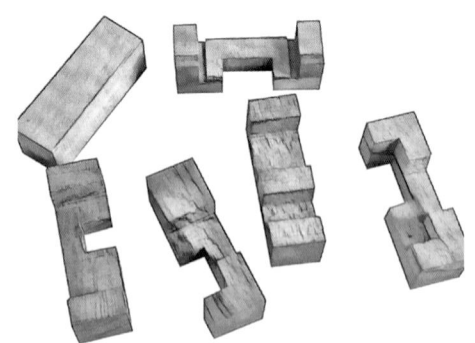

昆明食用菌研究所标本馆

玉溪市防震减灾科普馆

红河州博物馆

保山市博物馆

大理海洋世界

澜沧县科技馆

临沧市科技馆

临沧市城市规划馆

云南石林世界地质公园

昆明植物园

昆明动物园

云南野生动物园

金殿名胜风景区

凤龙湾童话镇人文自然教育科普基地

云南利鲁环境建设有限公司
百草园科普教育基地

世界恐龙谷旅游区

249

弥勒太平湖森林小镇

文山州生态环境局砚山
分局生态环境监测站

西双版纳野象谷景区

西双版纳望天树科普基地

云南滇金丝猴科普基地

云南警官学院无人驾驶航空器科普基地

云南禁毒教育基地

昆明欧普康视眼健康
科普基地

云南省健康教育科普基地

石龙坝水电博物馆

云南省轻发明科普基地

曲靖市青少年校外科技活动中心

石屏县青少年校外活动中心

大理白族自治州鹤庆县青少年校外活动中心

大理洱海科普教育中心

德宏州气象局科普基地

腾冲市气象科普教育基地

临翔区青少年学生校外活动中心

257

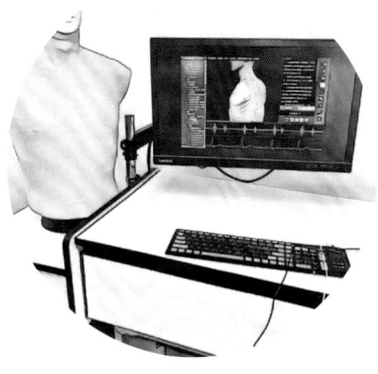

老年病科普基地

云南省中医药文化科普基地
（湘茂中医馆）

入场券

票价

￥10.00元

票价

￥108.00元

副 券

票价

￥5.00元

本票不作为税务票据
本票不含扶荔宫讲解服务

入场券

《玩转科普基地（云南省）》
活动赠票

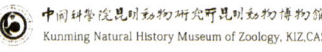
中国科学院昆明动物研究所昆明动物博物馆
Kunming Natural History Museum of Zoology, KIZ,CAS

全日制大中小学生限制为学生证

有效期：2023 年 12 月 1 日至 2024 年 11 月 30 日

大理海洋世界
DALI OCEAN WORLD

1.2 米以下免费，1.2~1.4 米（含1.4 米），出示在校学生证（16 周岁以下可出示身份证）

《玩转科普基地（云南省）》
活动赠票

有效期：2023 年 12 月 1 日至 2024 年 11 月 30 日

昆明植物园
Kunming Botanical Garden

有效期：2023 年 12 月 1 日至
2024 年 11 月 30 日

副 券

《玩转科普基地（云南省）》
活动赠票

本票不作为税务票据
本票不含扶荔宫讲解服务

云南野生动物园儿童门票兑换券

《玩转科普基地（云南省）》活动赠票

兑换券

使用说明：

1. 本券为儿童门票兑换券。
2. 本券限1.4米以下或12岁以下儿童（持身份凭证）使用。
3. 国家法定节假日（周末除外）兑换券不可使用。
4. 使用时，持本券到票务大厅售票处验证后换领入园凭证。
5. 本券使用时间限有效期内，须有法定监护人陪同入园，以确保安全。
6. 未尽事宜联系 0871-65617777。

有效期：2023 年 12 月 1 日至 2024 年 11 月 30 日

地　址：昆明市盘龙区沣源路云南野生动物园

门票兑换券

《玩转科普基地（云南省）》活动赠票

有效期：2023 年 12 月 1 日至 2024 年 11 月 30 日

使用说明：

- 凭此券至景区门口售票厅换取正规门票使用。
- 该门票兑换券一人一券，每张券限兑换1次；
- 本券经兑换后仅限当日使用，逾期失效；
- 本券数量有限，先到先得，兑完即止；
- 景区营业时间：上午9:00-下午6:00
- 景区咨询电话：0871-62669899

官方订阅号　官方服务号

微信扫码获取更多科普玩法哦

望·天树 兑换券

eye of page

《玩转科普基地（云南省）》活动赠票

使用规则

1. 该券为官方兑换券，不得转让、倒卖，否则官方有权取消兑换使用。
2. 使用该券需提前一天实名预约使用。
3. 该券须在望天树景区售票处兑换后使用。
4. 该券不兑换现金，不开发票。
5. 该券一经兑换，不退不改，逾期无效，遗失、损毁概不补发。
6. 该券盖章有效，涂改无效。

使用日期：

扫码了解更多官方资讯

咨询电话 0691-21916
www.ynskytree.c

重要提示

所有"入场券""兑换券""门票"需携带本书前往科普基地，由科普基地工作人员剪裁后使用；不能私自剪裁或撕下单独使用！

使用说明

1. 本券不兑现金，涂改撕毁无效。
2. 不与其他优惠活动同时使用。
3. 14岁以下儿童持本券可享受恐龙遗址公园免票入园一次。
4. 须至少一名成人购票陪同入园。
5. 最终解释权归云南世界恐龙谷旅游股份有限公司所有。

地址：云南省·楚雄州·禄丰世界恐龙谷旅游区
咨询电话：0878-8985777

有效期：2023年12月1日至2024年11月30日

重要提示

所有"入场券""兑换券""门票"需携带本书前往科普基地，由科普基地工作人员剪裁后使用；不能私自剪裁或撕下单独使用！

云南利鲁环境建设有限公司百草园科普教育基地

兑换券

  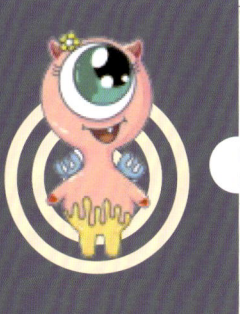

欧普康视眼健康科普基地

兑换券

天外天科普教育基地

兑换券

中医药民族医药博物馆

兑换券

云南利鲁环境建设有限公司百草园科普教育基地

《玩转科普基地（云南省）》
兑换券

有效期：2023 年 12 月 1 日至 2024 年 11 月 30 日

欧普康视眼健康科普基地

《玩转科普基地（云南省）》
兑换券

凭本书 1 名儿童青少年（6 岁以上）可免费参加欧普康视眼健康科普基地组织的"科普研学"项目 1 次（不含停车费及餐饮），并领取一份"爱眼护睛礼包"，详情可关注"欧普康视眼健康科普基地"微信公众号，具体以发布信息为准。

有效期：2023 年 12 月 1 日至 2024 年 11 月 30 日

天外天科普教育基地

《玩转科普基地（云南省）》
兑换券

凭本书可领 3 瓶水。

有效期：2023 年 12 月 1 日至 2024 年 11 月 30 日

中医药民族医药博物馆

《玩转科普基地（云南省）》
兑换券

凭本书 1 名儿童（7~12 岁）可免费参观云南省中医药民族医药博物馆组织的"科普研学"活动 1 次（不包含停车费及餐饮），详情可关注"云南省中医药民族医药博物馆"微信公众号，具体以发布信息为准。

有效期：2023 年 12 月 1 日至 2024 年 11 月 30 日

金殿名胜
风景区
兑换券

德宏州气象局
科普教育基地

兑换券

《人与自然》杂志
8.5 折

兑换券

文山州生态环境局
砚山分局生态环境
监测站科普基地

兑换券

金殿名胜风景区

《玩转科普基地（云南省）》
兑换券

凭本书1名儿童（7~12岁）可免费参加昆明市金殿名胜区组织的"科普研学"项目1次（不包含停车费及餐饮），详情可关注"昆明市金殿名胜区"微信公众号，具体以发布信息为准。

有效期：2023年12月1日至2024年11月30日

德宏州气象局科普教育基地

《玩转科普基地（云南省）》
兑换券

凭本书1名青少年可带头组团预约参观德宏州气象科普教育基地，免费领取1份德宏气象科普基地文创产品。

有效期：2023年12月1日至2024年11月30日

《人与自然》杂志 8.5 折

《玩转科普基地（云南省）》
兑换券

长按识别二维码进店
手速要快，姿势要帅
15087198764

凭本书可以8.5折优惠订阅《人与自然》杂志。

有效期：2023年12月1日至2024年11月30日

文山州生态环境局砚山分局生态环境监测站科普基地

《玩转科普基地（云南省）》
兑换券

凭本书可获生态环境小卫士荣誉证书一本

有效期：2023年12月1日至2024年11月30日